生成AI

＋

Python で作る

ゲーム開発入門

廣瀬 豪 著

JN111840

- PythonはPython Software Foundationの登録商標です（"Python" and the Python Logo are trademarks of the Python Software Foundation.）。
- 本書中の会社名や商品名、サービス名は、該当する各社の商標または登録商標であることを明記して、本文中での™および®©は省略させていただきます。
- 本書はWindows 11およびmacOS Sonomaで動作確認を行っています。
- 本書で使用しているPythonは、Windows版・Mac版ともにバージョン3.12.1で解説しています。
- 本書掲載のソフトウェアのバージョン、URL、それにともなう画面イメージなどは原稿執筆時点（2023年12月）のものであり、変更されている可能性があります。本書の内容の操作の結果、または運用の結果、いかなる損害が生じても、著者ならびに株式会社ソーテック社は一切の責任を負いません。本書の制作にあたっては、正確な記述に努めていますが、内容に誤りや不正確な記述がある場合も、当社は一切責任を負いません。

本書は、生成AIの活用法とPython（パイソン）というプログラミング言語を同時に学べる画期的な一冊です。PythonによるGUIプログラミングも学べる特徴があります。

近い将来、生成AIは職場や教育の場に広く導入され、ビジネスを効率化し、学業をサポートする重要なツールとなります。この先、AIについて理解し、正しく活用できるスキルが求められます。そのようなAIリテラシーが職場や教育の場で不可欠となる時代が迫っているのです。

著者と出版社は、この時代の要請に応え、これからの必須スキルを読者が身につける手助けを目指して本書を刊行しました。本書では生成AIを用いてコンピューターゲームの素材を作成し、Pythonでゲームを制作する手順を丁寧に解説しています。ゲーム作りをテーマにしているため、楽しみながら学ぶことができ、理解が深まりやすいでしょう。

プログラミングは義務教育化、必修化され、Pythonを学習言語に選ぶ学校が増えました。Pythonは初学者にとって学びやすいプログラミング言語であると同時に、さまざまな機能を備え、多くの企業が社内システムの開発などに採用する将来性のある言語です。

ゲーム制作を通して、これからの時代に求められるスキルを身につけましょう。本書が皆様にとって有益な道しるべになることを願っています。

2023年 師走
廣瀬 豪

Contents

Chapter 5　クイズゲームを作ろう

Chapter 6　間違い探しゲームを作ろう

Chapter 7　アクションゲームを作ろう

Chapter 8　ビジュアルノベルを作ろう

Appendix 特別付録　RPGをプレイしよう

本書について

はじめに

ここでは、本書の構成とサポートページの利用方法など、はじめに知っていただきたいことを説明します。

⟫⟫ 本書の学習の流れ

本書は、以下のステップで生成 AI の活用方法と Python プログラミングを学んでいきます。

Chapter 1 生成 AI を使ってみよう
生成AIついての基礎知識を学び、生成AIを使って文章や画像を作成します。

Chapter 2 プログラミングの準備
Pythonをインストールし、プログラムを入力するツールの使い方を学ぶなど、プログラミングを始める準備をします。

Chapter 3 プログラミングの基礎知識
出力と入力、変数と配列、条件分岐、繰り返し、関数といったプログラミングの基礎知識を学びます。

Chapter 4 GUI プログラミングを学ぼう
ウィンドウを用いたソフトウェアを制作するための知識を学びます。

Chapter 5 クイズゲームを作ろう
Chapter 6 間違い探しゲームを作ろう
Chapter 7 アクションゲームを作ろう
Chapter 8 ビジュアルノベルを作ろう
生成AIで画像や文章を作成し、それらの素材を使って幅広いジャンルのゲームを作ることで、AIを活用するスキルと、プログラミングの技術力を習得します。

Appendix 特別付録 RPGをプレイしよう
生成AIを用いて開発した本格的なゲームの内容を確認し、技術力の向上を目指します。

》》》 サンプルプログラムについて

　本書で用いる画像などの素材と掲載しているプログラムは、書籍のサポートページからダウンロードできます。次のURLからアクセスしてください。

サポートページ http://www.sotechsha.co.jp/sp/1332/

　ファイルはパスワード付きのzip形式で圧縮されています。P.247に記載されたパスワードを正しく入力し、解凍してお使いください。
　サンプルは、下図のように章ごとにフォルダ分けして保存されています。どのファイルを使っているかは、本書の各プログラムの上部にファイル名を明記しています。ご自身でプログラムを入力してうまく動かないときなどは、該当するフォルダを開いてサンプルを参照してください。

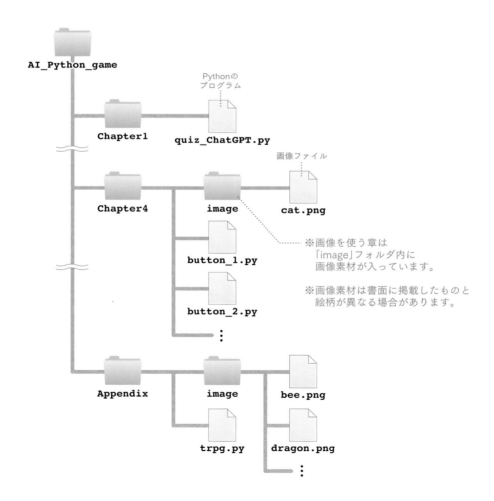

>>> プログラムの表記について

本書掲載のプログラムは、行番号・プログラム・解説の3列で構成されています。

1行に収まらない長いプログラムは行番号をずらして、空白を入れています。

Pythonに標準で付属する統合開発環境の「IDLE」で行番号を表示するには、エディタウィンドウのメニューで「Options」→「Show Line Numbers」を選択します（P.54参照）。

リスト▶例

行	プログラム	解説
1	s = "Pythonでゲームを作ろう"	sという変数に文字列を代入する
2	print(s)	sに入っている中身を画面に出力する
:		

学び方のヒント

プログラムは「IDLE」を使って、ご自身で入力されることをお勧めします。IDLEの使い方は第2章で説明します。

難しい内容に出会っても、その場ですべてを理解しようと悩む必要はありません。すぐに理解できない箇所があれば、付箋紙を貼るなどし、まずはその章を最後まで読んでみましょう。章を通読したら、難しかった箇所を読み直してください。プログラミングは、ある部分が飲み込めると、それまでわからなかった別の部分が自然と理解できることがあります。一か所で立ち止まることなく、まずは一通り目を通されることをお勧めします。

本書はゲーム制作が題材ですので、気軽に楽しく学んでいただければと思います。

>>> 紹介している生成AIについて

本書で紹介している生成AIは、使用時にMicrosoftやGoogleのアカウントが必要なものがあります。

また、Webサービスで提供されるAIの多くはブラウザやOSに依存しないので、Windowsパソコン、Macのどちらでも利用可能です（一部を除く）。

≫≫ こんなゲームを作ります＆解説します

本書では、文章生成AIと画像生成AIを活用して素材を用意し、次のような内容のゲームを制作します。

Chapter 5 クイズゲーム

生成AIの基本的な使い方を学びながら、生成した問題文とイメージ画像を使って、クイズゲームを制作します。

Chapter 6 間違い探しゲーム

2つの絵を見比べて違いを探す定番ゲームです。画像生成AIの、やや高度な使い方を学びます。

Chapter 7 アクションゲーム

リアルタイムに画面内を移動するモンスターを剣で倒すゲームです。本書では、素材を加工する方法も解説しています。

Chapter 8 ビジュアルノベル

文章を作るときの生成AIの活用法を学び、物語と画像を楽しむビジュアルノベルを制作します。

Appendix 付録 ロールプレイングゲーム

移動シーンと戦闘シーンのある本格的なゲームで、生成AIで生成した、たくさんの画像を用いています。

この章では、ゲーム制作に用いる素材を生成AIで作る方法を紹介します。本書では、AIで生成した画像に最低限の加工（サイズ変更や透明色の設定）を加えて、それらを用いてゲームを制作します。また、ペイントツールで画像を加工する方法も説明します。

生成AIを
使ってみよう

1
Chapter

生成AIとは？

はじめに、生成AIとはどのようなものかについて解説しましょう。

爆発的に普及したChatGPT

　生成AI（Generative Artificial Intelligence）は、各種のコンテンツやデータを生成する能力を持つ人工知能です。**人工知能**とはコンピューターのプログラムで人間の知的な活動を再現したり模倣したりする技術を意味する言葉です。

　近年、文章、絵画、音楽などを作り出す生成AIが急速に進歩し、普及しています。かつては芸術分野の作品をコンピューターが作り出すことは困難と考えられていましたが、生成AIの登場により、それは過去の話となりました。

　文章を作る有名な生成AIには、アメリカのOpenAI社が開発している**ChatGPT**、Microsoft社のブラウザEdgeに搭載されている**Copilot**（Bing Chat）、Google社の**Bard**などがあります。EdgeはMicrosoft社の製品ですが、CopilotにはOpenAI社の技術が使われています。

　ChatGPTに代表される人工知能は、人間と対話して受け答えの文章を生成します。

図1-1-1　文章を生成するAI「ChatGPT」の利用例

本書では、文章を生成するAIでクイズゲームの問題やビジュアルノベルのシナリオを作ります。文章を生成するAIの使い方は1-2節で説明します。

》》》 画像を生成するAI

近年、画像を生成するAIも急速な発展を遂げ、ネット上にはさまざまなサービスがオープンしています。画像生成AIは、「**プロンプト**」と呼ばれるキーワードを入力して画像を生成します。

次の図はStable Diffusionという画像生成AIをWeb上で利用できるDream Studioというサービスで画像を生成した例です。

図1-1-2 画像生成AI「Dream Studio」の使用例

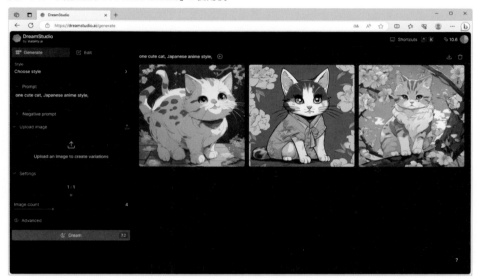

Stable Diffusionはミュンヘン大学の研究グループが開発した画像生成AIで、Stability AI社が公開しています。Stable Diffusionのような画像生成AIは、テキストプロンプト（短文による指示）からさまざまな画像を生成します。

近年、登場した画像生成AIの中でStable Diffusionは有名なものの1つです。このAIを使うには、Web上に公開されているStable Diffusionを用いたサービスを利用するか、Stable Diffusionを動かすための環境を自分のパソコンに構築します。ただし、Stable Diffusionを用いて作られたDream Studioのようなサービスは、一定回数以上使うと、以後は料金が掛かるものがあります。また、Stable Diffusionの実行環境の構築は容易とはいえません。

本書では、どなたにも気軽に生成AIの使い方とプログラミングを学んでいただけるように、無料で使える生成AIでゲーム用の素材を生成します。生成AIで素材を作る方法は、1-3節で説明します。

〉〉〉 その他の生成AI

　文章や画像を生成するAIの他にも、さまざまな生成AIが登場しています。それらの一部を紹介します。

▪ 3DCGモデルを生成するAI

　次の図は、ChatGPTのOpenAI社が開発中の3DCGモデルを生成するAIをWeb上で体験できるサービス「Shap-E」でモデルを生成した例です。

　次のURLで試すことができます（本書執筆時点）。

> https://huggingface.co/spaces/hysts/Shap-E

図1-1-3　3Dモデルを生成するAI

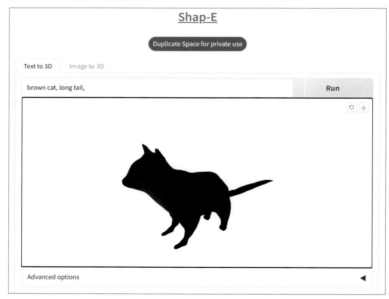

▪ 曲を自動で作曲するAI

　次の図は、歌詞から曲を自動で作曲する「Suno AI」で音楽を生成した例です。

　次のURLで試すことができます（本書執筆時点では、無料で1分20秒の曲が生成可能）。

> https://app.suno.ai/

図1-1-4　音楽を生成するAI

　他にも、動画や音声を生成するAIなどがあります。生成AIは各種の分野で急速な発展を遂げており、今後もさまざまなサービスが登場するでしょう。

》》》 本書のイラストも生成AIで作成しています

　本書のカバーイラストは、生成AIで作成しています。
　Playground AI（P.23参照）のモデル（画像生成アルゴリズム）をStable Diffusion（P.13参照）に設定し、次のプロンプトで生成しています。

▪ 女性キャラクターのプロンプト

high school girl, portrait, cute smile, Japanese anime style

▪ ドラゴンのプロンプト

dragon, enemy character, fantasy RPG, anime style

　初期の画像生成AIは、高品質な画像を生成するために、多くの具体的な言葉をプロンプトに入力する必要がありました。しかし、生成AIは急速に進化しており、簡単なプロンプトでも高品質な画像を生成できるようになっています。

図1-1-5　AIで生成した
女性キャラクターのイラスト

図1-1-6　AIで生成した
ドラゴンのイラスト

生成AIで文章を作ろう

この節では文章を生成するAIの使い方を説明します。本書でゲーム制作に用いる文章や画像といった素材は、章ごとに生成AIで用意します。各章ではジャンルの異なるゲームを作ります。この節と次の節で実際に生成AIを使って、その使い方に慣れておきましょう。

≫≫ ChatGPT とは

ChatGPT はブラウザ上で動作する生成AIで、次のURLで利用できます。

https://chat.openai.com/

はじめて使う方は、ユーザー登録をしましょう。
ChatGPTは無料で使えるものと有料のものがあります。本書では無料版を用います。

ChatGPTで、物語や台詞、詩などの創作、定型文の作成、翻訳、要約、情報収集などを行うことができます。この生成AIは、Python、C言語、Java、JavaScriptなどのプログラミング言語によるコード生成にも対応しています。生成AIによるコード生成の話を章末のコラム（P.37）に掲載しています。

≫≫ ChatGPT を使ってみよう

次の図は「**初対面の人と会ったときの英語の挨拶を教えてください。**」と入力したときのChatGPTの返答です。みなさんも好きな質問を入力して返答を確認しましょう。

図1-2-1　ChatGPTの使用例1

初対面の人と会った時の英語の挨拶を教えてください。

初対面の人と会った時の一般的な英語の挨拶は以下のようなものです:

1. "Hello." （ハロー）
2. "Hi." （ハイ）
3. "Nice to meet you." （ナイス トゥ ミート ユー、お会いできてうれしいです）
4. "How are you?" （ハウ アー ユー、調子はどうですか）
5. "What's your name?" （ワッツ ユア ネーム、お名前は何ですか）

どの挨拶を使うかは、文脈や相手との関係によることがあります。一般的には、"Hello" や "Hi" から始め、相手の反応に応じて会話を進めるのが良いでしょう。また、相手が自己紹介していない場合には、相手の名前を尋ねることも一般的です。

※ChatGPTの返答は毎回、同じではありません。みなさんが同じ文章を入力しても、この例以外の返答が出力されます。

次の図は「**スーパーマリオブラザーズというゲームソフトについて教えてください。**」と入力したときの返答です。

図1-2-2　ChatGPTの使用例2

 スーパーマリオブラザーズというゲームソフトについて教えてください。

 もちろんです！「スーパーマリオブラザーズ」は、任天堂が開発し、1985年に初めてリリースされた人気のあるビデオゲームシリーズです。このゲームシリーズは、ゲーム界における最も有名なキャラクターであるマリオとルイージの冒険を描いています。

以下に、スーパーマリオブラザーズに関する基本的な情報をいくつかご紹介します：

1. **キャラクター**：マリオはこのゲームの主要なキャラクターで、赤い帽子とオーバーオールが特徴です。彼はプリンセスピーチを助け、邪悪なクッパ王から彼女を救出する冒険に挑みます。ルイージはマリオの兄で、時折プレイヤー2としてゲームに参加します。
2. **ゲームプレイ**：スーパーマリオブラザーズは、2Dプラットフォーマーゲームで、プレイヤーはマリオまたはルイージを操作して、さまざまなレベルをクリアしながら敵を倒し、アイテムを集めることが主な目的です。
3. **パワーアップ**：ゲーム内でマリオはさまざまなパワーアップアイテムを取得できます。例えば、スーパーマリオに変身することで敵を踏みつけたり、火花を放ったりできます。
4. **敵キャラクター**：ゲームにはさまざまな敵キャラクターが登場します。有名な敵キャラクターにはクッパ王やゴンバ、クリーパーなどがいます。
5. **シリーズ**：スーパーマリオブラザーズは、多くの続編やスピンオフが登場し、様々なプラットフォームで楽しむことができます。一部の有名なタイトルには「スーパーマリオ64」、「スーパーマリオギャラクシー」、「スーパーマリオオデッセイ」などがあります。
6. **影響と人気**：スーパーマリオブラザーズはゲーム業界における最も重要な作品の一つであり、数世代にわたって多くのファンを魅了しました。マリオはゲーム文化のアイコンの一つであり、様々なメディアで登場することもあります。

スーパーマリオブラザーズは、楽しいゲームプレイ、カラフルな世界、魅力的なキャラクターなど、多くの要素が詰まったゲームシリーズであり、ゲーム業界の歴史において非常に重要な存在です。

　ほぼ正しい情報が出力されましたが、マリオとルイージの関係は、正確にはマリオが双子の兄、ルイージが双子の弟なので、それが逆になっています。敵キャラクターの項目にあるゴンバはクリボーの英語名です。クリーパーは筆者が調べたところパックンフラワーを指しているようです。

　生成AIが生成する文章には誤りが含まれることがあるので、注意する必要があります。

POINT

ハルシネーションに注意しよう

文章生成AIが出力する情報に不正確なものが含まれることがあります。生成AIが事実と異なる内容を、あたかも真実のように表現することを**ハルシネーション**（hallucination：幻覚の意味）といいます。生成AIはもっともらしいウソをつくことがあるのです。そのため、業務や学習に利用する際はAIの返答を鵜呑みにしないで、情報が正確なものかを書物やネット検索などで調べることが大切です。

≫≫ Copilot（Bing Chat）を使ってみよう

　Copilot（Bing Chat）はWindowsの標準ブラウザであるEdgeに搭載されています。Edge を起動して、右上の 🟦 をクリックすると使用することができます。

　CopilotもChatGPTと同様にユーザーとの対話から各種の文章を生成しますが、Copilot は検索エンジンの機能を備えており、Web上の情報へのリンクが出力されます。

　次の図は、「**Bing Chatで作った文章の著作権について教えてください。**」と入力したとき の返答です。

　1 2 がWebサイトへのリンクになっていて、クリックするとリンク先のページが開いて 情報を確認できます。

図1-2-3　Copilotの使用例

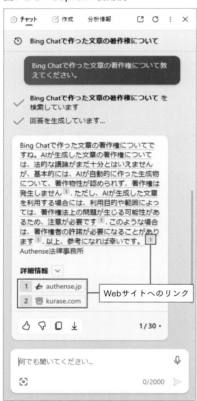

　なお、Microsoft社のCopilotには、Copilot for Microsoft 365などの各種のバージョンが あり、ここではWindows 11のEdgeに搭載されたものについて説明しました。

》》》 Bardを使ってみよう

Bard は Google 社が開発する生成 AI で、ChatGPT と同様に、ユーザーとの対話によって各種の文章を生成します。次の公式サイトから利用できます。

https://bard.google.com/chat

次の図は「**剣と魔法の世界の物語を500字程度で作ってください。胸躍る冒険物語を希望します。**」と入力して、ショートストーリーを生成した例です。

図1-2-4　Bardの使用例

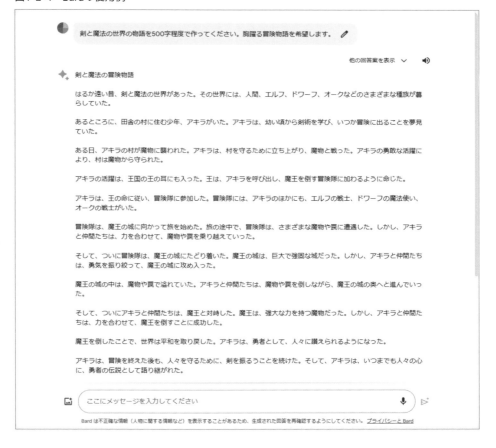

生成AIで画像を作ろう

この節では画像を生成するAIの使い方を説明します。Edgeに搭載されている「Image Creator」と、Web上で使える「Playground AI」という画像生成サービスで画像を生成する例を掲載します。どちらも無料で利用できます。

⟫⟫ Image Creatorを使ってみよう

Image CreatorはWindowsパソコンの標準的なブラウザのEdgeに搭載されています。

Edgeの右側に並んだ 🪔 アイコンをクリックすると起動します。このアイコンが表示されていない方は、次の図を参考に、 + をクリックしてImage Creatorを開きましょう。

図1-3-1　Image Creatorを開く

Image Creatorのアイコン

アイコンが表示されていないときは、ここをクリックします

マイクロソフトを選択します

Image Creatorを開きます

Image Creatorに**プロンプト**と呼ばれるキーワードを入力したら、「作成」ボタンをクリックして画像を生成します。

次の図は「**剣と魔法のファンタジー世界、勇者と魔法使いが魔王と対峙する場面、アニメ風**」という**プロンプト**で生成した画像の例です。

図1-3-2　Image Creatorの使用例1

※左が生成された4枚で、右がそのうち
　1枚を選んで表示した様子

Image Creatorは日本語に対応しており、誰もが手軽に利用できる画像生成AIの1つです。ただし、一定回数以上使用すると、次に使えるようになるまでしばらく時間が必要になります。

Image Creatorでは一度に4種類の画像が生成されますが、通信やサーバーの負荷などの状況により3枚以下となることがあります。

生成した画像をクリックすると大きなサイズで表示されます。大きな画像を表示した画面にある「ダウンロード」をクリックするか、画像の上で右クリックして「名前を付けて画像を保存」を選ぶと、画像をパソコンにダウンロードできます。小さな画像の上で右クリックしてダウンロードすると、パソコンに保存されるのは小さなサイズの画像になるので注意しましょう。

Image Creatorの画像は、パソコンに保存する際、ファイルの拡張子が「jpeg」や「jfif」になります。「jfif」は「jpeg」の仲間のファイル形式で、多くのペイントツールや画像ビューワで開くことができます。ファイルの拡張子については、第2章の2-2節で説明します。

Image Creatorでさまざまな画像を生成できます。次の図は「**青い空、白い雲、緑の山々、夏の景色、アニメ映画風**」というプロンプトで風景画を生成した例です。

図1-3-3　Image Creatorの使用例2

※左が生成された4枚で、右がそのうち
　1枚を選んで表示した様子

❯❯❯ Playground AIを使ってみよう

次は、Playground AIという画像生成AIの使い方を説明します。
Playground AIは、次のURLで利用できます。

https://playgroundai.com/

図1-3-4　Playground AIのトップページ

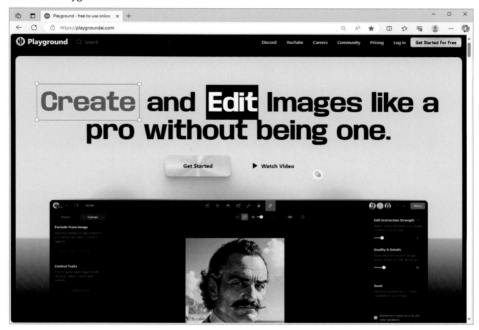

初めて使う方は、右上にある「Get Started For Free」をクリックしてユーザー登録しましょう。

Web上の生成AIサービスの多くは、Googleアカウントなどの大手IT系のアカウントでログインできます。筆者は、事前にGoogleアカウントを作っておくことをお勧めします。

ログインしたら、画面右上にある Create をクリックします。

図1-3-5 「Create」をクリックした画面

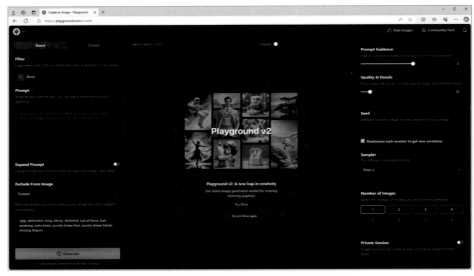

※画面中央の案内は、■をクリックして閉じましょう。Discordの案内が出たときも、■で閉じてかまいません。

　この後、各種の設定について説明しますが、最初に画像生成を試してみましょう。

　画面の左側にある「Prompt」の欄に生成したい画像のイメージを**英語で入力**します。Edgeに搭載されたImage Creatorは日本語に対応していますが、画像生成AIの多くは英語でプロンプトを入力します。

　英語が苦手でも心配は無用です。「Google翻訳」などで日本語を英語に翻訳して入力しましょう。

　プロンプトはコンマ(,)で区切って入力します。

　この例では、「**one cute cat sleeping on the couch, a cup of coffee on the table,**」と入力しています。

　入力したら、「Generate」をクリックします。

図1-3-6　プロンプトを入力して「Generate」をクリック

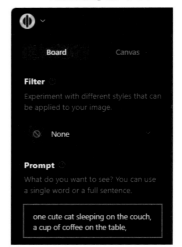

図1-3-7　生成された画像

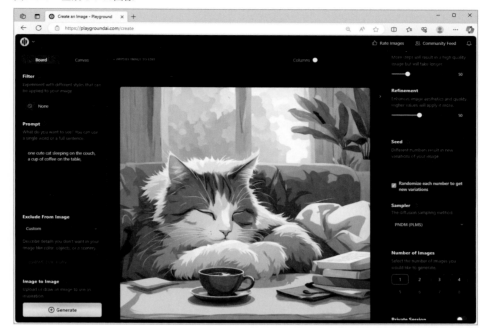

同じプロンプトを入力しても、画像は生成するたびに変化します。
違う画像が生成された例を掲載します。

図1-3-8　同じプロンプトで生成された異なる画像

》》 Playground AI の設定について

Playground AI の主要な設定項目について説明します。

図1-3-9　Playground AIの設定

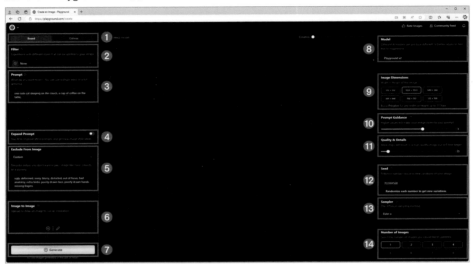

❶	Board / Canvas	「Canvas」を選ぶと、複数の画像を並べて生成や編集できるキャンバスになる
❷	Filter	絵の技法を選択
❸	Prompt	画像を生成するためのキーワードを入力
❹	Expand Prompt	短いプロンプトを入力したとき、AIが新しいアイデアを得られるプロンプトに変更する
❺	Exclude From Image	生成する画像から除外したいキーワードを入力（未入力でも可）
❻	Image to Image	既存の画像から新たな画像を生成する際、ここに元の画像をアップロード
❼	Generate	画像生成を開始
❽	Model	画像生成に用いるAIのモデルを選択
❾	Image Dimensions	画像サイズを指定
❿	Prompt Guidance	数値を上げるほど、プロンプトに忠実に画像を生成
⓫	Quality & Details	数値を上げるほど、画質が上がる
⓬	Seed	画像生成用の乱数の種 ※「Randomize～」をチェックしておくと、毎回ランダムに生成
⓭	Sampler	生成プロセスを選び、生成される画像の微妙な違いを制御
⓮	Number of Images	同時に生成される画像枚数を指定

無料で使えるその他の画像生成AI

さまざまな画像生成AIが登場し、Web上で多くのサービスを利用できるようになりました。その他の無料で使える画像生成AIの情報を掲載します。

❶ Microsoft Designer

Microsoft社が提供するサービスです。
プロンプトでイメージを生成し、画像に重ねるテキストなどを編集できます。

https://designer.microsoft.com

次の図は、「**Create a festive Christmas party design with drinks and food on the table.**」というプロンプトで画像を生成し、テキストを編集している様子です。

図1-3-10　Microsoft Designerの利用例

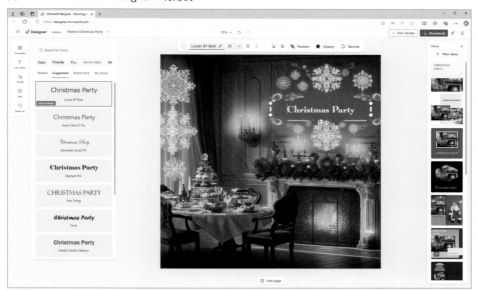

❷ Stable Diffusion Online

　Stable Diffusion を体験できるサービスの1つです。プロンプトを入力し、どのようなスタイルで生成するかを選び、「Generate」ボタンをクリックして画像を生成します。

　https://stablediffusionweb.com

図1-3-11　Stable Diffusion Onlineの利用例

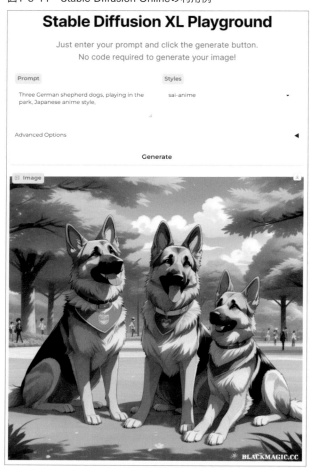

　Stable Diffusion Online は優れた画像生成AIの1つですが、生成に時間が掛かるのが難点です（本書執筆時点）。
　Image Creator は、通常、短時間で画像を生成できます。

画像を加工しよう

画像生成AIで生成したグラフィックをゲームのプログラムに組み込むために、私たちの手で簡単な編集を行います。この節ではペイントツールを使って、画像の大きさやファイル形式の変更、透明色の設定を行う方法を説明します。

本書は、Windows 11 と macOS Sonoma による操作方法で解説を進めます。

》》》 Windows のペイントツールを使う

Windows には、「ペイント」と「ペイント3D」というツールが付いています。どちらも Microsoft社の製品です。「ペイント3D」がない場合には、Microsoft Store からインストールできます。

Ⓐ「ペイント」で画像サイズとファイル形式を変更する

編集したい画像をペイントで開きます。**1**「サイズ変更と傾斜」アイコン🗗をクリックして、表示されるダイアログで **2**「ピクセル」をオンにします。**3** ピクセル数を入力して（ここでは「640」）、**4**「OK」ボタンをクリックすると画像の大きさが変更されます。

図1-4-1　ペイントで画像サイズを変更

本書のゲームは、PNG形式の画像を使って制作します。PNG形式で保存するには、「ペイント」のメニューバーから **1**「ファイル」→ **2**「名前を付けて保存」→ **3**「PNG画像」を選びます。

図1-4-2　ペイントで画像をPNG形式で保存

「ペイント」にはキャラクターなどの背景を透明にする機能がありませんが、「ペイント3D」にはその機能が備わっています。

次に、「ペイント3D」で人物画のバックを透明（抜き色）にする方法を説明します。

❸「ペイント3D」で人物などの背景を透明にする方法

「ペイント3D」を起動して、メニューの「開く」→「ファイルの参照」を選択して、加工する画像を開きます。

図1-4-3　ペイント3Dで画像を開く

「マジック選択」をクリックします。

図1-4-4　マジック選択を選ぶ

画面の右にある「次へ」をクリックすると、背景が切り抜かれます。

図1-4-5　背景が切り抜かれる

画像によっては、切り抜きたくない部分まで切り抜かれた状態になることがあります。

　削除したくない部分がある場合は「追加」🖊を選び、その部分をマウスポインタで指定します。さらに削除したい領域がある場合は「削除」🖌を選び、その部分をマウスポインタで指定します。

図1-4-6　追加する例と削除する例

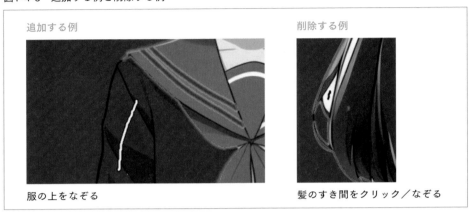

　スライダーをドラッグすると画像を拡大縮小できるので、作業しやすい大きさにして追加や削除するとよいでしょう。

　削除する領域を指定したら、「完了」ボタンをクリックします。

図1-4-7　「完了」ボタンをクリックする

　「キャンバス」→「キャンバスを表示する」をオフにして、背景が削除されたことを確認します。

図1-4-8　「キャンバスを表示する」をオフにする

　メニューバーから「ファイル」→「名前を付けて保存」→「画像」を選び、**「ファイルの種類」**を**「PNG（画像）」**に指定し、**「透明度」にチェック**を入れます。

図1-4-9　PNG形式で透明度を有効にする

必要に応じて、「カメラ位置とフレーミングの調整」から人物の位置や画像の大きさを調整できます。

図1-4-10　人物の位置や画像の大きさを調整

　最後に**「保存」ボタンをクリックして、ファイル名を付けて保存**します。

❸ Macの「プレビュー」で画像を加工する方法

　Macをお使いの方は、macOSに付属の「プレビュー」で画像の大きさの変更、ファイル形式の変換、背景を除去して透明色を設定できます。

　Launchpadから「プレビュー」を起動し、画像ファイルを指定して開きます。

図1-4-11　Macの「プレビュー」で画像を開く

　画像の大きさの変更は、メニューバーから「ツール」→「サイズを調整」で「ピクセル」を選び、ピクセル数を入力して「OK」ボタンをクリックします。

図1-4-12　「プレビュー」で画像サイズを変更

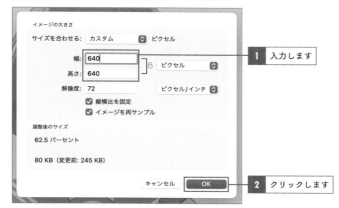

PNG形式で保存するには、メニューバーから「ファイル」→「書き出す」を選んで「フォーマット」の項目で「PNG」を選択し、「保存」ボタンをクリックします。

図1-4-13　「プレビュー」でPNG形式で保存

　「プレビュー」には画像の不要な部分を削除する機能があります。この機能を使うには、ツールバーの「インスタントアルファ」アイコンをクリックします。アイコンが表示されていないときは、「表示」の「マークアップツールバーを表示」を選びましょう。

　「インスタントアルファ」アイコンをクリックしたら、画像の削除したい部分をなぞると（マウスボタンを押しながらポインタを動かす）、削除する範囲が広がります。

　適切な範囲を指定して delete キーを押します。範囲が広がり過ぎたら、 esc キーで解除できます。

図1-4-14　インスタントアルファで不要な部分を削除

JPEG形式の画像は透明色を設定できません。PNG形式でない画像にインスタントアルファを用いると、PNGへの変換を促すダイアログが表示されるので、それに従いましょう。

図1-4-14では髪のすき間が削除されていませんが、再度、指定して削除できます。
また、人物の背後に複雑な背景が描かれている場合でも、削除したい部分を選んで delete キーを押すことを繰り返せば、背景を除去できます。

COLUMN

真のノーコードプログラミングが現実に！

ChatGPTやBardは各種のプログラミング言語のコードを出力する機能を備えています。CUI（Character User Interfaceの略語で、文字列の入出力でコンピューターを操作する仕組み。P.86も参照）で動くシンプルなミニゲームならば、ゲーム内容とプログラミング言語の種類を伝えると、そのプログラム（コード）を出力できます。

次の図は、ChatGPTでクイズゲームのプログラムを生成した例です。

図1-C-1　ChatGPTにクイズゲームのプログラムを出力させる

次ページへつづく

このプログラムは正しく動作します。

次の図は、ChatGPTの生成したプログラムをPythonに標準で付属する「IDLE」というツールで実行した様子です。

図1-C-2　ChatGPTで生成したプログラムを実行する

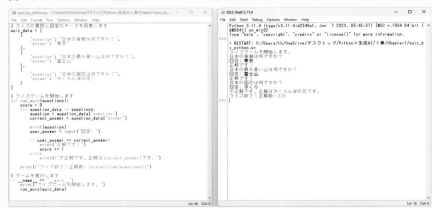

ただし、ChatGPTなどの生成AIが出力するプログラムが全て正しく動作するわけではありません。**コード生成においても、生成AIは間違った内容を出力することがあります。**

このプログラムの場合、プログラム自体に問題はありませんが、日本の国花の答えは、正確には「桜」と「菊」です。

ChatGPTが出力したこのプログラムは、初心者向けの内容でないことも付け加えておきます。筆者が記述した、もっとやさしいクイズゲームのプログラムを第5章のコラムで紹介します。

また、グラフィックを用いたゲームや高度な内容のゲームを生成AIだけで作ることは、現時点では不可能です。本書では画像などの素材を生成AIで作り、みなさんがプログラミングを学びながら人の手でプログラムを記述して、色々なジャンルのゲームを制作します。

生成AIはまだ発展途中であり、プログラミング分野での利用は限定的ですが、各種のプログラミング言語のコードまで生成するAIの登場は驚くべき進歩であると筆者は考えます。

この章ではプログラミングを始める準
備として、Pythonのインストール、拡
張子の表示、作業フォルダの作成を行
います。また、プログラムの入力と動
作確認を行うツールの使い方を説明し
ます。本書では、Pythonに標準で付
属するIDLEというツールでゲームの
プログラムを組んでいきます。

プログラミングの
準備

Chapter

Pythonをインストールしよう

この節では、WindowsとMacにPythonをインストールする方法を説明します（Macをお使いの方は、P.42以降を参照してください）。

>>> Windowsパソコンへのインストール

WebブラウザでPythonの公式サイト（https://www.python.org）にアクセスします。

図2-1-1　Python公式サイト

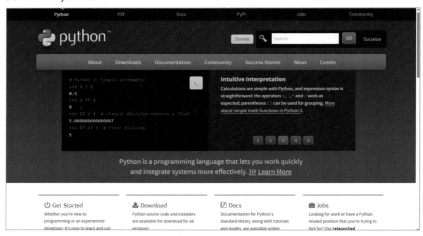

「Downloads」にある「Python 3.*.*」（*の数字は、最新バージョンによって異なります）のボタンをクリックします。

図2-1-2　「Python 3.*.*」をクリック

「ファイルを開く」をクリックするか、ダウンロードしたファイルを実行して、インストールを始めます。

ダウンロードしたファイルは、通常、「ダウンロード」フォルダに入っています。

図2-1-3　ダウンロードしたファイルでインストール開始

※ダウンロードしたファイルがどう表示されるかは、ブラウザの種類やOSのバージョンによって異なります。

「Add python.exe to PATH」にチェックを入れたら、「Install Now」をクリックします。

図2-1-4　「Add python.exe to PATH」にチェックしてインストール開始

「Setup was successful」の画面で「Close」ボタンをクリックします。
これでインストール完了です。

図2-1-5　インストール完了

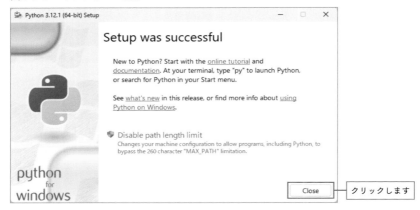

>>> Macへのインストール方法

Webブラウザで Python の公式サイト（https://www.python.org）にアクセスします。

図2-1-6　Python公式サイト

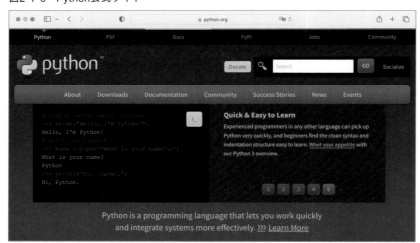

「Downloads」にある「Python 3.*.*」のボタンをクリックします。

図2-1-7 「Python 3.*.*」のボタンをクリック

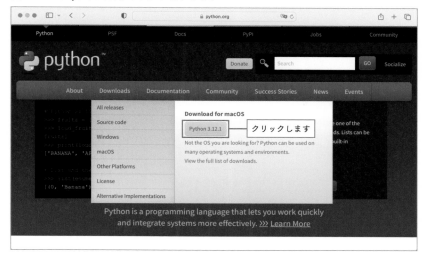

ダウンロードした「python-3.*.*-macosx**.pkg」を実行します。

図2-1-8 ダウンロードしたファイルを実行

※ダウンロードしたファイルがどう表示されるかは、ブラウザの種類やOSのバージョンによって異なります。

「続ける」ボタンを選択して、インストールを始めます。

図2-1-9 インストール開始

ソフトウェア使用許諾契約に「同意する」を選んだら、画面の指示に従ってインストールを続けましょう。カスタマイズは不要です。

図2-1-10　ソフトウェア使用許諾契約に同意

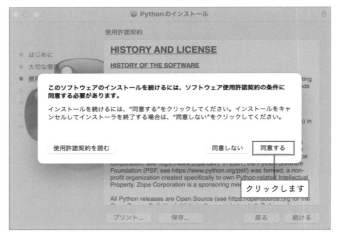

　「インストールが完了しました。」の画面で「閉じる」ボタンをクリックします。
　これでインストール完了です。

図2-1-11　インストール完了

Lesson 2-2　拡張子を表示しよう

この節では、拡張子を表示する方法を説明します。すでに表示している方は、ここは飛ばして次の節へ進みましょう。

▶▶▶ 拡張子とは

　拡張子はファイル名の末尾に付く、ファイルの種類を表す文字列です。ファイル名と拡張子はドット (.) で区切られます。

図2-2-1　拡張子

　文書、画像、音楽、動画など、ファイルの種類ごとに拡張子が決められています。Pythonのプログラムの拡張子は「**py**」になります。

　拡張子を表示するとファイルの種類がわかりやすくなり、ファイル管理がしやすくなります。プログラミングを学んだりゲームを作るときに、拡張子の表示は必須といえます。

　Windowsをお使いの方、Macをお使いの方、それぞれ次のようにして拡張子を表示しましょう。

❶ Windowsでの拡張子の表示

Windows 11では、フォルダを開いて「表示」→「表示」→「ファイル名拡張子」にチェックを入れます。

図2-2-2　Windows 11での拡張子の表示方法

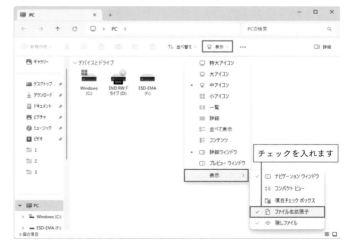

Windows 10では、フォルダを開いて「表示」タブをクリックし、「**ファイル名拡張子**」に
チェックを入れます。

図2-2-3　Windows 10での拡張子の表示方法

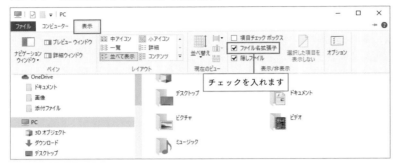

❷ Macでの拡張子の表示

「Finder」メニューの「設定」を選び、「Finder設定」ウインドウの「詳細」タブにある「**す
べてのファイル名拡張子を表示**」にチェックを入れます。

図2-2-4　Macでの拡張子の表示方法

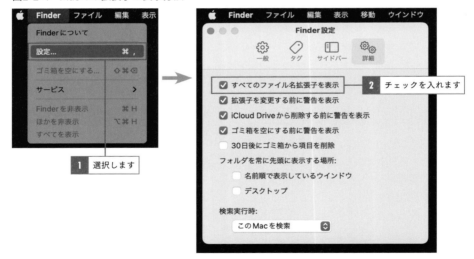

Lesson 2-3　作業フォルダを作ろう

この節ではWindowsとMac、それぞれのフォルダの作り方を説明します。本書では生成AIで素材を作り、Pythonのプログラムを入力してゲームを制作します。
様々な種類のファイルを扱うので、作業用のフォルダを決めて、そこに素材やプログラムを入れるようにします。

>>> Windowsでの新規フォルダの作成

デスクトップで右クリックするとショートカットメニューが開き、「新規作成」→「フォルダー」を選ぶと新しいフォルダが作成されます。

Windows 10とWindows 11ともに、この方法でフォルダを作ることができます。

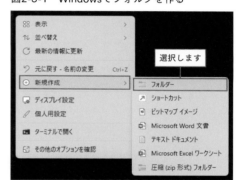

図2-3-1　Windowsでフォルダを作る

>>> Macでの新規フォルダの作成

デスクトップで右クリックするか、control キーを押しながらクリックして、「新規フォルダ」を選ぶと新しいフォルダが作成されます。

「Finder」メニューの「ファイル」→「新規フォルダ」で作ることもできます。

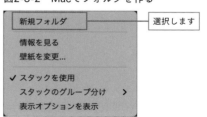

図2-3-2　Macでフォルダを作る

新しく作ったフォルダ名を「AI_Python_game」などのわかりやすいものに変えておきましょう。

IDLEを使ってみよう 1

本書では、Pythonに標準で付属するIDLEという統合開発環境ツールを使ってプログラミングを行います。本節と次の節で、IDLEの基本的な使い方を説明します。

》》》 統合開発環境IDLEについて

統合開発環境とは、プログラムを入力して動作確認を行うツールのことです。

IDLEはPythonと一緒にインストールされる標準的な統合開発環境で、どのパソコンでも使うことができます。

》》》 WindowsでIDLEを起動

「スタート」から「すべてのアプリ」を選び、「Python*.**」にあるIDLEのアイコンをクリックします。

図2-4-1　スタート→すべてのアプリからIDLEを起動

IDLEが起動した画面を**シェルウィンドウ**といいます。

図2-4-2　WindowsのIDLEの画面（シェルウィンドウ）

》》》 MacでIDLEを起動

Launchpadから「IDLE」を選びます。

図2-4-3　LaunchpadからIDLEを起動

IDLE が起動した画面を**シェルウィンドウ**といいます。

図2-4-4　MacのIDLEの画面（シェルウィンドウ）

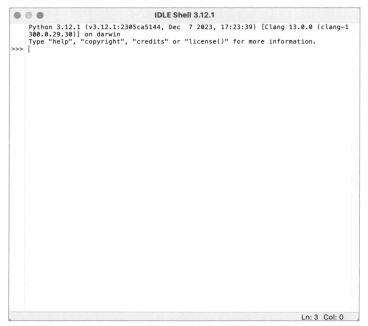

》》》 IDLE に命令を入力してみよう

Windows の画面でIDLE の使い方を説明します。Macでの使い方も同じ操作になります。

❶ IDLEを電卓代わりに使おう

IDLE で計算をしてみましょう。シェルウィンドウに**半角の数字と記号**で計算式を入力し、Enterキー（returnキー）を押すと、答えを求めることができます。

足し算と引き算は、数学と同じ+と-の記号を使って計算します。掛け算は*(アスタリスク)、割り算は/(スラッシュ)を使います。計算に用いる記号は第3章で説明します。

図2-4-5　シェルウィンドウで計算する

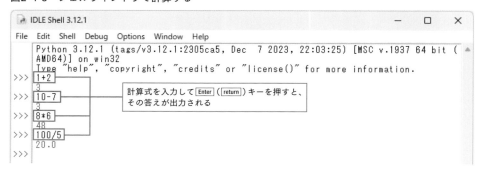

❷ カレンダーを出力しよう

Pythonにはカレンダーを扱える命令があります。それを使ってみましょう。

まず、import calendar（インポート カレンダー）と入力して Enter キーを押します。

次に、print(calendar.month(西暦,月))（プリント／マンス）と入力して Enter キーを押すと、次の図のようにカレンダーが出力されます(「西暦」と「月」には、任意の数字を入力します)。

図2-4-6　カレンダーを出力する

```
>>> import calendar
>>> print(calendar.month(2024,4))
        April 2024
    Mo Tu We Th Fr Sa Su
     1  2  3  4  5  6  7
     8  9 10 11 12 13 14
    15 16 17 18 19 20 21
    22 23 24 25 26 27 28
    29 30

>>> |
```

※命令、記号、数字は全て半角文字で入力します。

import（インポート）という記述は、Pythonに特別な仕事させるときに使います。ここでは、カレンダーの機能を使うために**import calendar**としました。

print( )（プリント）は文字列や数を出力する命令で、ここではカレンダーを表示するために使いました。

importやprint( )の使い方は、第３章と第４章で説明します。

❸ Pythonにホームページを開かせよう

Pythonにホームページを開かせることができます。

まず、import webbrowser（ウェブブラウザ）と入力して Enter キーを押します。

次に、webbrowser.open("http://www.sotechsha.co.jp")（オープン）と入力して Enter キーを押します。

図2-4-7　ホームページを開く

```
import webbrowser
webbrowser.open("http://www.sotechsha.co.jp")
```

このように入力すると、本書の出版社のソーテック社のサイトが開きます。

図2-4-8

　URLを変更すると、別のサイトを開くことができます。URLはダブルクォート（"）で前後を括って入力します。

　例えば、webbrowser.open("http://www.google.co.jp")とすると、検索エンジンのGoogleのサイトが開きます。

Lesson
2-5

Lesson 2-5 IDLEを使ってみよう 2

この節ではIDLEのコードエディタ（エディタウィンドウ）を開き、そこにプログラムを入力して動作を確認する方法を説明します。

》》》 プログラムの入力について

前の節ではIDLEのシェルウィンドウに計算式や命令を入力して、計算やカレンダーの出力などを行いました。その方法で簡単な処理を行うことができますが、IDLEを終了すると実行結果は消えてしまいます。

ソフトウェアを制作するには、入力したプログラム（コード）を保存し、ツールを終了したりパソコンの電源を落としても、保存したプログラムを開いて開発の続きを行えるようにする必要があります。

IDLEには、プログラムの入力／保存／動作確認を行うためのコードエディタがあります。IDLEのコードエディタは**エディタウィンドウ**と呼ばれます。

》》》 エディタウィンドウを開こう

シェルウィンドウのメニューバーにある「File」→「New File」を選択するか、 Ctrl + N キーを押して、エディタウィンドウを開きましょう。

図2-5-1 「File」にある「New File」を選ぶ

図2-5-2　起動したエディタウィンドウ

エディタウィンドウとシェルウィンドウは似ているので、混同しないようにしましょう。
タイトルバーに「untitled」と表示されているのがエディタウィンドウです。

エディタウィンドウのメニューで「Options」→「Show Line Numbers」を選ぶと、行番号が表示されます。

図2-5-3　Show Line Numbersで行番号を表示

>>> プログラムを入力しよう

エディタウィンドウに簡単なプログラムを入力して使い方を学びます。
次の図にある2行を入力しましょう。

図2-5-4　エディタウィンドウにプログラムを入力

入力時の注意点

● **プログラムの命令、変数、計算式は半角文字で入力します。**
　プログラムは大文字と小文字を区別します。

● **このプログラムの「Python でゲームを作ろう」は文字列になります。**
　文字列を扱うときは、その前後をダブルクォート(")で括る決まりがあります。

● **ダブルクォートで括った中には、全角文字を記述できます。**

このプログラムは、次のような内容です。

コード ▶ Chapter2➡lesson2-1.py ⬇

行番号	プログラム	説明
01	`s = "Pythonでゲームを作ろう"`	sという変数に文字列を代入する
02	`print(s)`	sに入っている中身を画面に出力する

　変数や print( ) は次の章で説明します。ここでは、入力に慣れることを目的に紙面通りに記述しましょう。

⫸⫸⫸ プログラムを保存しよう

　プログラムを入力したら「File」→「Save As」を選択するか、Ctrl + Shift + S キーを押して、ファイル名を付けて保存します。

　ここでは、2-3節で作ったフォルダ内に「Chapter2」というフォルダを作り、その中に**「lesson2-1.py」**というファイル名で保存したものとします。

図2-5-5　プログラムの保存

　一度ファイル名を付けて保存したら、2回目以降の上書き保存は「File」→「Save」を選択するか、Ctrl + S キーを押します。

プログラムを実行しよう

「Run」→「Run Module」を選んでプログラムを実行します。 F5 キーでも実行できます。
モジュール

図2-5-6　プログラムの実行

シェルウィンドウに「Pythonでゲームを作ろう」と出力されれば成功です。

エラーが出たら原因を探そう

実行時にエラーが出たときは、プログラムを見直して間違いを修正しましょう。
エラーの例を示します。

```
Traceback (most recent call last):
  File "C:/Users/th/OneDrive/デスクトップ/AI_Python_game/Chapter2/lesson2-1.py", line
2, in <module>
    Print(s)
NameError: name 'Print' is not defined. Did you mean: 'print'?
```

この例では、エラーメッセージの中にあるline 2とPrint(s)がエラーを見つけるヒントになります。これはプログラムの2行目のPrint(s)に間違いがあることを示しています。

他の間違いの例として、1行目の最後のダブルクォートを全角で入力した場合、プログラムを実行できません。

プログラムの入力と実行方法のまとめ

IDLEでプログラムを入力して実行する手順をまとめます。

❶「File」→「New File」（ Ctrl + N キー）でエディタウィンドウを開きます。

❷ エディタウィンドウのメニューの「Options」→「Show Line Numbers」を選ぶと、行番号が表示されます。

❸ エディタウィンドウにプログラムを入力します。

❹「File」→「Save As」（ Ctrl + Shift + N キー）でファイル名を付けて、保存先を指定してプログラムを保存します。一度保存した後は、「File」→「Save」（ Ctrl + S キー）で上書き保存できます。

❺「Run」→「Run Module」（ F5 キー）でプログラムを実行します。

❻ シェルウィンドウに結果が出力されます。エラーが出たら、プログラムを修正します。

COLUMN

Pythonで遊んでみよう！

このコラムでは、楽しめる要素を持ったPythonのプログラムを2つ紹介します。これらのプログラムは、サポートページからダウンロードできるzipファイルの「Chapter2」フォルダに入っています。IDLEでプログラムを開いて実行し、動作を確認しましょう。

❶ 生まれてから何日目？

コード ▶ Chapter2➡how_many_days.py ⬇

```
01  import datetime                          datetimeモジュールをインポート
02  d = datetime.date.today()                実行時の日付のデータを変数dに代入
03  t = datetime.date(2004, 8, 27)           指定した日付のデータを変数tに代入
04  print("生まれてから", d-t, "経ちました")    dからtを引いた値(日数)を出力
```

実行結果

```
生まれてから 7018 days, 0:00:00 経ちました
```

1行目のimport datetimeで、日時を扱う機能を使えるようにしています。

2行目のdatetime.date.today( )は、プログラムを実行した時点の日付データを取得する命令です。ここでは、変数dにその値を代入しています。変数はデータを入れる箱のようなもので、次の章で詳しく説明します。

3行目で指定した年月日の日付データを変数tに代入しています。(西暦, 月, 日)をご自分の生年月日に書き替えて実行してみましょう。

4行目でプログラムを実行したときの日付データから、指定の日付データを引いて経過日数を求め、それをprint( )という命令で出力しています。

❷ おみくじ

コード ▶ Chapter2➡omikuji.py ⬇

```
01  import random                                  randomモジュールをインポート
02  omikuji = ["大吉", "中吉", "小吉", "凶"]          おみくじの文字列を配列で定義
03  print(random.choice(omikuji))                  いずれかの文字列をランダムに選んで出力
```

実行結果　※実行するたびに結果が変わります

```
中吉
```

1行目のimport randomで、乱数を扱う機能を使えるようにしています。

2行目で「大吉」「中吉」「小吉」「凶」の4つの文字列をomikujiという配列に代入しています。配列は複数のデータを効率よく扱うための入れ物で、次の章で詳しく説明します。

3行目のrandom.choice( )という命令で配列の中身をランダムに選び、それを出力しています。

次ページへつづく

次の章でプログラミングの基礎知識を学んだ後、ここに戻って2つのプログラムを再確認すると、処理の内容を理解できるようになっていることに気付かれるでしょう。

　現時点では、「Python は短い行数で色々な処理ができる」ことを知っていただければ十分です。

ゲームなどのソフトウェアを制作するには、プログラミングの基礎的な知識が不可欠です。この章では、出力と入力、変数と配列、条件分岐、繰り返し、関数について学びます。これらは多くのプログラミング言語に共通する重要な基礎知識になります。

Pythonには、他のプログラミング言語にはない独自の記述ルールがあります。C言語、C++、Java、JavaScriptなどでプログラムを組むことができる方も、この章に一通り目を通されるとよいでしょう。

プログラミングの基礎知識

Chapter 3

出力と入力

コンピューターの処理は、【入力→演算→出力】という流れで行われます。この節では、出力と入力を行うPythonの命令を確認します。

>>> print( )の使い方

文字列や変数の値を**出力**する print( ) の使い方を確認します。

本書ではPythonに付属する統合開発環境のIDLEを用いることをお勧めします。 IDLEを起動して、メニューの「File」→「New File」を選び、エディタウィンドウを開きましょう。次のプログラムを入力し、「File」→「Save as」で名前を付けて保存します。そして「Run」→「Run Module」か F5 キーを押して実行し、動作を確認しましょう。

コード ▶ Chapter3➡print_1.py ⬇

行番号	プログラム	説明
01	print("Pythonと生成AIでゲームを作ろう")	print( )で文字列を出力

実行結果

Pythonと生成AIでゲームを作ろう

文字列を扱うときは、その前後をダブルクォート(")で括ります。 Pythonでは**シングルクォート(')** を用いることも多いですが、本書では広く使われているC言語やJavaと同じルールで、ダブルクォートで文字列を括ることにします。

>>> 計算結果を出力しよう

print( )の中に計算式を記述できます。次のプログラムを入力して動作を確認しましょう。

コード ▶ Chapter3➡print_2.py ⬇

01	print(10+20)	print( )で計算結果を出力

実行結果

30

( )内の式を"10+20"とダブルクォートで括って実行してみると、計算が行われず、10+20のまま出力されます。**ダブルクォートで括ったものは、数値ではなく文字列になります。**

▶▶▶ input( )の使い方

　文字列を**入力**する**input( )**の使い方を確認します。次のプログラムを入力して動作を確認しましょう。シェルウィンドウに「名前を教えてください」と表示されてカーソルが点滅するので、文字列を入力して Enter キー（ return キー）を押します。

コード ▶ Chapter3 ➡ input_1.py 📥

```
01  s = input("名前を教えてください")          input()で入力した文字列を変数sに代入
02  print(s, "さん、一緒にゲームを作りましょう！")   sの値とメッセージをprint()で出力
```

実行結果

```
名前を教えてください廣瀬豪
廣瀬豪  さん、一緒にゲームを作りましょう！
```

　input( )で入力した文字列が変数sに代入されます。変数とは文字列や数を入れる箱のようなもので、3-2節で説明します。
　sの値と「さん、一緒にゲームを作りましょう！」という文字列をprint( )で出力しています。
　このプログラムはprint( )に変数sと文字列をコンマで区切って記述しました。**Pythonのprint( )命令は複数の項目をコンマ区切りで記述し、それらの値をまとめて出力できます。**

▶▶▶ コメントについて

　プログラム内に命令の使い方や処理の内容などをメモのように書くことができます。それを**コメント**といい、Pythonでは**#**を使って記述します。例えば長いプログラムを作るとき、処理の説明をコメントしておくと、プログラムを見直すときに役に立ちます。
　次のプログラムでコメントの例を確認します。

コード ▶ Chapter3 ➡ input_2.py 📥　※赤字がコメントです。

```
01  # input()の使い方を確認するプログラム          コメントを記述
02  s = input("名前を教えてください") # 入力を行う命令   input()の後にコメントを記述
03  print(s, "さん、一緒にゲームを作りましょう！")      sの値とメッセージをprint()で出力
```

　このプログラムを実行すると、1行目は無視され2行目に進みます。2行目の#の後ろに記した部分も無視されます。つまり、1～2行目はs = input("名前を教えてください")だけが実行されます。実行結果は前のプログラムと同じなので省略します。

　ソフトウェアの制作中に一部の命令の頭に#を付け、その命令が実行されないようにして動作を確認することがあります。プログラムの一部をコメントとすることを**コメントアウト**するといいます。

❯❯❯ コンピューターの処理の流れ

コンピューターの処理は **入力** → **演算**（計算）→ **出力** という流れで行われます。

図3-1-1　コンピューターの処理の流れ

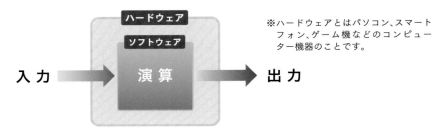

※ハードウェアとはパソコン、スマートフォン、ゲーム機などのコンピューター機器のことです。

Pythonでは標準的な出力を行う命令がprint( )、標準的な入力を行う命令がinput( )になります。

また、print( )やinput( )のように( )の付いた命令を**関数**といいます。関数は3-5節で説明します。

Lesson
3-2

変数と配列

変数と配列はデータを入れる箱のようなもので、コンピューターのメモリ上に作られます。この節では、変数や配列で数や文字列を扱う方法を説明します。

変数への代入

次の図はaという名前の変数に10という数を、sという名前の変数にPythonという文字列を代入する様子を表したものです。変数に値を入れることを代入するといいます。

図3-2-1　変数のイメージ

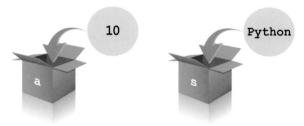

これをプログラムで記述すると、次のようになります。入力して動作を確認しましょう。

コード ▶ Chapter3 ➡ variable_1.py ⬇

```
01  a = 10                          変数aに10という数を代入
02  s = "Python"                    変数sにPythonという文字列を代入
03  print("変数aの中身", a)          print()でaの値を出力
04  print("変数sの中身", s)          print()でsの値を出力
```

実行結果

```
変数aの中身 10
変数sの中身 Python
```

変数や配列に数や文字列などを代入して、計算や処理を行います。プログラムの変数は数学のx=1、y=x-2などの変数と似たものですが、プログラムの変数では文字列を扱うことができます。

代入演算子について

Pythonで変数を使うときはイコールを用いて最初に代入する値（初期値）を記述します。これを変数の宣言といいます。値を入れるための＝は、代入演算子と呼ばれます。

C言語、C++、Javaなどのプログラミング言語では、変数を使う前にデータ型を指定しますが、Pythonでは型を指定しません。ただしPythonの変数にも複数のデータ型があります。型の詳細は後述します。

▶▶▶ 変数名の付け方

変数名は❶から❸の規則に
従って、アルファベット、ア
ンダースコア(_)、数字を組
み合わせて付けます。

❶アルファベットとアンダースコアを用いる 例)〇 score=0、〇 player_life=1000、〇 ai="人工知能"
❷数字を含めることができるが、数字から始めてはいけない 例)〇 item1="薬草"、✖ 1item="薬草"
❸予約語は使えない 例)✖ if=0、✖ for=0

Pythonの変数名は小文字とするのが一般的ですが、大文字も使えます。小文字と大文字は区別されるので、例えばscoreとScoreは別の変数になります。

予約語とは、コンピューターに基本的な処理を命じるための語です。Pythonには、**if elif else and or for while break continue def import False True** などの予約語があります。

予約語の使い方は、この先で順に説明します。

▶▶▶ 変数の値の変更

宣言時に代入した初期値を、計算式を使って別の値に変更するプログラムを確認します。

コード ▶ Chapter3 ➡ variable_2.py 📥

```
01  life = 100
02  print("体力の初期値は", life)
03  life = life * 3
04  print("体力を3倍する魔法で体力が", life, "になった")
05  life = life / 2
06  print("体力が半減する攻撃を受け", life, "になった")
```

変数を宣言して初期値を代入
変数の値を出力
lifeの値に3を掛けてlifeに代入
その値を出力
lifeの値を2で割ってlifeに代入
その値を出力

実行結果

```
体力の初期値は 100
体力を3倍する魔法で体力が 300 になった
体力が半減する攻撃を受け 150.0 になった
```

1行目でlifeという変数に初期値を代入し、2行目で値を出力しています。

3行目と5行目の計算式でlifeに値を代入し直しています。プログラムでは掛け算を*、割り算を / で記述します。

5行目で300÷2の答えをlifeに代入しています。整数同士の割り算ですが、Pythonでは割り算の計算結果は少数になるので、150.0と出力されます。

▶▶▶ 演算子について

計算に使う記号を**演算子**といい、足し算は+、引き算は-、掛け算は*(**アスタリスク**)、割

り算は **/**（**スラッシュ**）で記述します。

Python には、累乗を求める演算子**、割り算の商を整数で求める演算子 **//**、割り算の余り（剰余）を求める演算子**%**があります。累乗とは、例えば2^3（2×2×2）、5^4（5×5×5×5）のように同じ数を掛け合わせることです。

表3-2-1　四則算の演算子

四則算	プログラムで使う記号
足し算（＋）	+
引き算（－）	-
掛け算（×）	*
割り算（÷）	/

表3-2-2　その他の演算子

行う計算	Pythonで使う記号
累乗	**
割り算の商（整数）	//
剰余	%

》》》 データ型について

コンピューターで扱うデータが数なのか、文字列なのかなどの種類を、**データ型**（data type）や単に**型**といいます。Python には次のデータ型があります。

表3-2-3　Pythonのデータ型

データの種類	型の名称	値の例
数	整数型（int型あるいはinteger型）	-100　0　2024
	小数型（float型）	-0.05　1.0　3.141592
文字列	文字列型（string型）	Python　ゲーム　人工知能
論理値	論理型（bool型）	True と False

少数型は厳密には**浮動小数点数型**といいます。

論理型は真偽型ともいい、その値は True（真）と False（偽）の2種類です。論理型は3-3節で説明します。

Python は扱うデータの種類（数なのか文字列かなど）を判断して、それらのデータをコンピューター内に保持します。

》》》 型変換について

整数と少数をまとめて「数」と呼んで説明します。数と文字列は別の型です。数と文字列を計算式に混ぜることはできません。例えば1+"2"と記述して実行するとエラーになります。

文字列を数として扱うときは**型変換**します。Python には型変換を行う次の命令（関数）があります。

表3-2-4　型変換を行う命令

関数名	機能
int( )	文字列や少数を、整数に変換
float( )	文字列や整数を、少数に変換
str( )	数を文字列に変換

>>> Pythonの配列（リスト）について

複数のデータをまとめて管理するために用いる、番号を付けた変数を**配列**といいます。

Pythonには複数のデータを効率よく扱うための**リスト**という入れ物（データ構造）があります。ここで説明するリストはプログラムという意味ではなく、データの入れ物のことです。

リストを一般的な配列として使うことができます。一般的な配列（例：C言語やJavaの配列）について説明した後、リストでデータを扱うプログラムを確認します。

図3-2-2　配列のイメージ

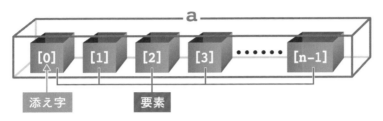

この図にはaという名の箱がn個あります。このaが配列です。a[0]からa[n-1]の箱の1つ1つを**要素**といい、箱が全部でいくつあるかを**要素数**といいます。

箱の番号を**添え字（インデックス）**といいます。**添え字は0から始まり、箱がn個あるなら、最後の添え字はn-1**になります。例えば、要素が100個ある場合、0から数えたら99（=100-1）で終わります。

>>> 配列の宣言

配列（Pythonのリスト）を宣言する基本的な記述を確認します。

図3-2-3　配列の宣言と初期値の代入

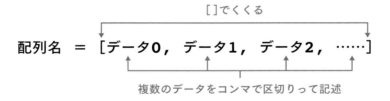

このように記述すると、各要素に初期値が代入されます。

配列の使い方を次のプログラムで確認します。job[0]に戦士という文字列、job[1]に神官という文字列、job[2]に魔導士という文字列を代入し、各要素の値を出力するプログラムになります。

コード▶Chapter3➡array_1.py ⬇

```
01  job = ["戦士", "神官", "魔導士"]          jobという配列に初期値を代入
02  print("job[0]は", job[0])                job[0]の値を出力
03  print("job[1]は", job[1])                job[1]の値を出力
04  print("job[2]は", job[2])                job[2]の値を出力
```

実行結果

```
job[0]は 戦士
job[1]は 神官
job[2]は 魔導士
```

❯❯❯ 配列を使うときの注意点

　　配列を使うとき、存在しない要素を扱ってはなりません。例えばa = [10, 20, 30]と宣言すると、a[0]、a[1]、a[2]の3つの要素が作られます。a[3]は存在しないので、a[3]を扱おうとするとエラーになります。

❯❯❯ 二次元配列について

　　縦方向と横方向に添え字を用いてデータを管理する配列を**二次元配列**といいます。
　　縦をy、横をxとすると、各要素の添え字は次のようになります。

図3-2-4　二次元配列の例と添え字

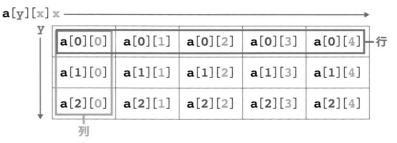

　　データの横の並びを**行**、縦の並びを**列**といいます。この図は3行5列の二次元配列です。yの値は0〜2、xの値は0〜4になります。

　　二次元配列の宣言の仕方を次のプログラムで確認します。データの内容を把握しやすいようにコンマの位置を揃えていますが、配列宣言でコンマを揃える必要はありません。

コード ▶ Chapter3 ➡ array_2.py 🔽

```
01  data = [                              dataという二次元配列に初期値を代入
02      [  1,   2,   3,   4,   5],            1行目の初期値
03      [-11, -22, -33, -44, -55],            2行目の初期値
04      [100, 200, 300, 400, 500]             3行目の初期値
05  ]
06  print(data[0][0])                     data[0][0]の値を出力
07  print(data[1][2])                     data[1][2]の値を出力
08  print(data[2][4])                     data[2][4]の値を出力
```

※4行目の] の後にコンマは不要です。

実行結果

```
1
-33
500
```

　二次元配列を宣言して初期値を代入し、print( ) で3つの要素の値を出力しています。

　プログラムは単純ですが、慣れないうちは配列名 [y][x] の y と x がいくつの箱に、どのデータが入るのかわかりにくいものです。二次元配列の添え字を理解するには、**図3-2-4** とプログラムを照らし合わせたり、6～8行目の [ ] の中の数を変えて実行結果を確認するとよいでしょう。

Lesson 3-3　条件分岐

プログラムに記述した命令や計算式は順に実行されます。その処理の流れを制御する仕組み
が**条件分岐**です。Pythonの条件分岐には、if、if〜else、if〜elif〜elseの3つがあります。
この節では、それらの記述の仕方と処理の流れを説明します。

基本のif

条件分岐の基本である**if**から説明します。ある条件が成立したときに処理を行うための予
約語がifです。ifを使って記述した処理を**if文**といいます。if文は次のように記述します。

図3-3-1　if文の書き方

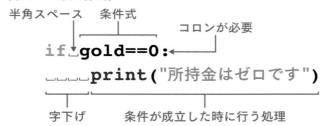

半角スペース　　条件式

コロンが必要

字下げ　　　　条件が成立した時に行う処理

条件が成立したかを調べる式を**条件式**といいます。ifと条件式の間に半角スペースを入れ
ます。

Pythonでは条件が成立したときに行う処理を字下げして記述します。通常、半角スペー
ス4文字分、字下げします。字下げは**インデント**とも呼ばれます。

字下げした部分は**ブロック**と呼ばれる“処理のまとまり”になります。条件成立時に複数
の処理を行うなら、それらの行を全て字下げします。

Pythonの字下げは処理のまとまりであるブロックを作る重要な役割があります。他のプ
ログラミング言語では、プログラムを読みやすくするためにプログラマーが自由に字下げし
ますが、Pythonの字下げは自由に行うものではありません。

if文のフローチャート

if文による処理の流れをフローチャートで表します。フローチャートは処理の流れを表す
図のことで、**流れ図**とも呼ばれます。

図3-3-2　if文の処理の流れ

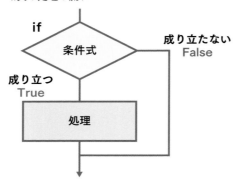

>>> ifを用いたプログラム

if文の動作を次のプログラムで確認します。

コード▶Chapter3➡if_1.py

```
01  gold = -100                          変数goldに初期値を代入
02  print("所持金(gold)の値は", gold)      その値を出力
03  if gold==0:                          goldが0なら
04      print("所持金はゼロです")           「所持金はゼロです」と出力
05  if gold>0:                           goldが0より大きいなら
06      print("町で買い物ができます")        「町で買い物ができます」と出力
07  if gold<0:                           goldが0より小さいなら
08      print("借金している状態です")        「借金している状態です」と出力
```

実行結果

```
所持金(gold)の値は -100
借金している状態です
```

1行目で変数goldに-100を代入しています。

3行目のgold==0は、goldが0のときに成り立つ条件式で、これは成り立ちません。

5行目のgold>0は、goldが0より大きいかを調べる条件式で、これも成り立ちません。

7行目のgold<0は、goldが0より小さいかを調べる条件式で、これが成り立ちます。そのため8行目が実行されます。

1行目でgoldに代入する値を0にすると4行目が実行され、0より大きな値にすると6行目が実行されることを確認しましょう。

>>> 条件式について

条件式は表3-3-1のように記述します。等しいかを調べるにはイコールを2つ並べ、等しくないかを調べるには!と=を並べます。数の大小は、大なり、小なりの記号で比較します。

表3-3-1　条件式

条件式	何を調べるか
a==b	aとbの値が等しいかを調べる
a!=b	aとbの値が等しくないかを調べる
a>b	aはbより大きいかを調べる
a<b	aはbより小さいかを調べる
a>=b	aはb以上かを調べる
a<=b	aはb以下かを調べる

　Pythonには真の意味を表すTrueと、偽の意味を表すFalseという値があります。Trueと
Falseを論理値や真偽値あるいはbool値といいます。条件が成り立った条件式はTrueにな
り、成り立たない条件式はFalseになります。if文は条件式がTrueのときにブロックに記述
した処理が行われます。

》》》 if〜elseを用いた条件分岐

　if〜elseの条件分岐について説明します。if〜elseを用いると、条件が成り立ったときと、
成り立たなかったときの処理を別々に記述できます。

図3-3-3　if〜elseの処理の流れ

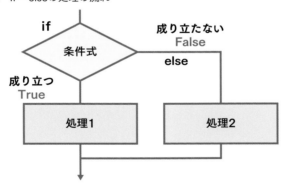

　if〜elseの動作を次のプログラムで確認します。elseの後ろにコロン（:）の記述が必要で
す。

コード ▶ Chapter3➡if_2.py

```
01  life = 0                          変数lifeに初期値を代入
02  print("あなたの体力は", life)      その値を出力
03  if life>0:                        lifeが0より大きいなら
04      print("まだ戦えます")          「まだ戦えます」と出力
05  else:                             そうでないなら（lifeが0以下なら）
06      print("もう戦えません")        「もう戦えません」と出力
```

実行結果

```
あなたの体力は 0
もう戦えません
```

　　lifeの初期値を0としたので3行目の条件式は成り立たず、elseの後に記述した6行目が実行されます。lifeの初期値を0より大きな値にすると、4行目が実行されるのを確認しましょう。

》》》 if〜elif〜elseを用いた条件分岐

　　if〜elif〜elseを用いると、複数の条件を順に調べ、条件に応じた処理を実行できます。

図3-3-4　if〜elif〜elseの処理の流れ

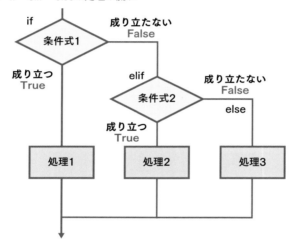

　　if〜elif〜elseの動作を次のプログラムで確認します。elifとelseの後に:を記述します。

コード▶Chater3➡if_3.py ⬇

```
01  score = 9999              scoreに初期値を代入
02  hi_sc = 10000             hi_scに初期値を代入
03  print("スコアは", score)    scoreの値を出力
04  print("ハイスコアは", hi_sc)  hi_scの値を出力
05  if score>hi_sc:            scoreがhi_scより大きいなら
06      print("ハイスコアを超えました！")  「ハイスコアを超えました！」と出力
07  elif score<hi_sc:         そうでなくscoreはhi_scより小さいなら
08      print("ハイスコアを超えていません")  「ハイスコアを超えていません」と出力
09  else:                     いずれの条件も成り立たないなら
10      print("スコアとハイスコアは同点です")  「スコアとハイスコアは同点です」と出力
```

実行結果

```
スコアは 9999
ハイスコアは 10000
ハイスコアを超えていません
```

　score という変数の値と hi_sc という変数の値を比較しています。score を 9999、hi_sc を 10000 としたので、7行目の条件式が成り立ち、8行目が実行されます。

　1行目の score の初期値を 10000 や、10000 より大きな値にして動作を確認しましょう。

　このプログラムは、elif を1つ記述しましたが、if〜elif〜…〜elif〜else のように elif を2つ以上記述して、色々な条件を順に判定できます。

>>> and と or

　and や or を用いると、if 文に複数の条件式を記述できます。

　and は「かつ」、or は「もしくは」という意味です。

　例えば 0<n and n<10 という条件式は、n の値が0より大きく10より小さいときに成り立ちます。

　x==0 or y==0 という条件式は、x が0、もしくは y が0なら成り立ちます。

図3-3-5　and と or

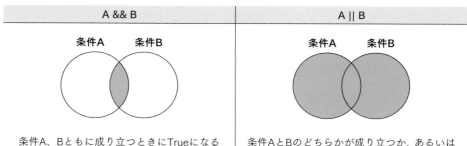

A && B	A || B
条件A　　条件B	条件A　　条件B
条件A、Bともに成り立つときにTrueになる	条件AとBのどちらかが成り立つか、あるいは2つとも成り立つときにTrueになる

　and と or の使い方は、ゲーム制作のプログラムで用いるときに説明します。

繰り返し

コンピューターに反復して処理を行わせることを**繰り返し**といいます。繰り返しは**ループ**とも呼ばれ、forやwhileという命令で記述します。この節では、繰り返し（ループ）の記述の仕方と処理の流れを説明します。

≫≫ for文の書き方

forを用いて記述した繰り返しを**for文**といいます。for文では、繰り返しに使う変数名を決め、その変数の値が変化する範囲を指定します。for文は次のように記述します。

図3-4-1　for文の書き方

繰り返しに使う変数　　　　　　　　　　　　変数の値の範囲

半角スペース

字下げ　繰り返して行う処理

forによる処理の流れをフローチャートで表します。

図3-4-2　for文の処理の流れ

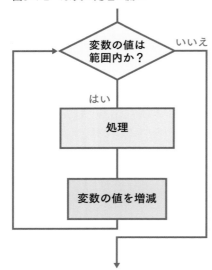

≫ range( )で範囲を指定

Pythonのfor文は、繰り返しに用いる変数の値の範囲を **range( )** という命令で指定します。

表3-4-1　range( )による範囲指定　※❸の増分は負の数も指定できます。

	range( )の書き方	どのような繰り返しか
❶	range(回数)	変数の値は0から始まり、指定の回数、繰り返す
❷	range(初期値, 終値)	変数の値は初期値から始まり、 1つずつ増えながら終値の手前まで繰り返す
❸	range(初期値, 終値, 増分)	変数の値は初期値から終値の手前まで、 指定の増分ずつ変化しながら繰り返す

range( )による範囲指定には注意点があります。range( )は指定した範囲の数の並びを意味し、例えばrange(1, 5)は 1, 2, 3, 4 という数の並びになります。終値の5は入りません。また、range(10, 20, 2)は 10, 12, 14, 16, 18 という数の並びになり、これも終値の20は入りません。

≫ forを用いたプログラム

for文の動作を次のプログラムで確認します。繰り返しに使う変数は慣例的にiとすることが多く、このプログラムもiを用いています。繰り返す処理は字下げすることに注意しましょう。

コード ▶ Chapter3 ➡ for_1.py 📥

```
01  for i in range(5):                    iは0から始まり、5回繰り返す
02      print("敵", i, "が現れた！")       iの値を出力
```

実行結果　※出力結果に5は含まれないことを確認しましょう。

```
敵 0 が現れた！
敵 1 が現れた！
敵 2 が現れた！
敵 3 が現れた！
敵 4 が現れた！
```

このプログラムは繰り返す範囲をrange(5)としており、変数iの値は0から始まり、1ずつ増えながら、4になるまで2行目の処理を繰り返します。

次にrange(初期値, 終値)で範囲指定したプログラムを確認します。

コード ▶ Chapter3 ➡ for_2.py 📥

```
01  for i in range(10, 13):               iは10から始まり、13の手前まで1ずつ増える
02      print("敵", i, "が現れた！")       iの値を出力
```

実行結果　※出力結果の最後の値が終値の手前の数になることを確認しましょう。

```
敵 10 が現れた！
敵 11 が現れた！
敵 12 が現れた！
```

range(初期値, 終値, 増分)の増分に負の数を指定して、値を減らしながら繰り返すことができます。次のプログラムでそれを確認します。

コード▶Chapter3➡print_3.py

```
01  for i in range(10, 5, -1):          iは10から始まり、5の手前まで1ずつ減る
02      print("敵", i, "は逃げ出した")      iの値を出力
```

実行結果　※この繰り返しも終値の手前の値まで出力されます。

```
敵 10 は逃げ出した
敵 9 は逃げ出した
敵 8 は逃げ出した
敵 7 は逃げ出した
敵 6 は逃げ出した
```

》》》 forの多重ループについて

forのブロックに別のfor文を入れることができます。これをforの**二重ループ**といいます。for文内にfor文を記述することを、forを**入れ子**にするや、**ネスト**するといいます。

forを3つ入れ子にする、4つ入れ子にするなど、複数のforを入れ子にでき、それらをforの**多重ループ**といいます。多重ループを用いると複雑な処理ができます。

本書では付録のゲームプログラムで二重ループを用いています。

》》》 whileによる繰り返し

whileを用いた繰り返しを**while文**といいます。while文は条件式が成り立つ間、処理を繰り返します。while文は次のように記述します。

図3-4-3　while文の書き方

while文の動作を次のプログラムで確認します。

コード▶Chapter3➡while_1.py ⬇

```
01   val = 1                        繰り返しに用いる変数に初期値を代入
02   while val<=256:                 whileの条件式をval<=256として繰り返す
03       print(val, end=",")         valの値を出力
04       val = val*2                 valの値を2倍してvalに代入
```

実行結果

```
1,2,4,8,16,32,64,128,256,
```

　while文で繰り返しに使う変数は、1行目のようにwhileの前で宣言します。

　このwhile文は条件式をval<=256としています。これによりvalが256以下の間、処理が繰り返されます。

　print( )の引数にend=","と記述すると、改行せずにコンマ区切りで値を出力できます（3行目）。たくさんのデータを出力するときに便利なので、end=の指定を覚えておくとよいでしょう。

》》》 break と continue

　for文やwhile文で用いるbreakとcontinueという命令があります。break は繰り返しを中断する命令、continue は繰り返しの先頭に戻る命令です。breakやcontinueは、通常、if文に記述します。

　breakとcontinueの使い方を順に確認します。

コード▶Chapter3➡while_break.py ⬇

```
01   val = 0                        繰り返しに用いる変数に初期値を代入
02   while val<100:                 whileの条件式をval<100として繰り返す
03       print(val, end="→")        valの値を出力
04       val = val+5                valの値を5増やしてvalに代入
05       if val>50:                 valが50を超えたら
06           break                  breakで繰り返しを中断
```

実行結果

```
0→5→10→15→20→25→30→35→40→45→50→
```

　whileの条件式をvalが100未満なら繰り返すようにしていますが、5～6行目のifとbreakでvalが50を超えたら繰り返しを抜ける（中断する）ので、0から50まで出力されます。

コード▶Chapter3➡for_continue.py ⬇

```
01   for i in range(10):            iは0から始まり、10回繰り返す
02       if i<5: continue           iが5未満ならcontinueで繰り返しの先頭に戻る
03       print(i)                   iの値を出力
```

実行結果

```
5
6
7
8
9
```

　forの範囲をrange(10)とし、iが0から9まで繰り返すとしていますが、2行目でiが5未満ならcontinueで繰り返しの先頭に戻しています。そのためiが5未満の間は、3行目が実行されません。

　2行目を改行せずに記述しています。if文で行う処理が1つなら、このように1行で記述できます。

Lesson
3-5

関数

関数とは、コンピューターが行う処理を1つのまとまりとして定義したものです。何度も行う処理を関数にすると、無駄がなく読みやすいプログラムになります。
この節では、関数の定義の仕方を説明します。

>>> 関数の概要

　関数はデータを**引数**で与え、関数内でそのデータを加工し、加工した結果を**戻り値**として返すように設計できます。その機能をイメージで表すと次のようになります。

図3-5-1　関数のイメージ

　引数と戻り値は関数の大切な要素ですが、それらは必須ではありません。引数も戻り値もない関数、引数はあるが戻り値はない関数、引数がなく戻り値のある関数を定義できます。

>>> 関数の定義の仕方

　Python では **def** という予約語で関数を定義します。

図3-5-2　関数の定義の仕方

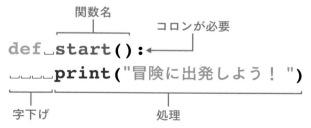

　関数で行う処理は、if や for と同様に字下げして記述します。
　引数を持たせるときは、() 内に引数となる変数名を記述します。引数は、P.80 で説明します。

引数も戻り値も無い関数

引数も戻り値もない関数を定義し、それを呼び出す（実行する）プログラムを確認します。

コード▶Chapter3➡function_1.py ⬇

```
01  def start():
02      print("冒険に出発しよう！")
03
04  start()
```

start()という関数を定義
文字列を出力

start()関数を呼び出す

実行結果

```
冒険に出発しよう！
```

1〜2行目にstart()という名の関数を定義しています。この関数は2行目に記述したprint()で文字列を出力する機能を持ちます。

この関数を4行目で呼び出すことがわかりやすいように、3行目を空行にしています。

関数を実際に働かせることを**呼び出す**といいます。**関数は定義しただけでは働きません。働かせるには、プログラムの実行したいところに関数名を記述します。** 4行目を削除するか、#start()とコメントアウトして実行すると、関数が呼び出されず、何も出力されないことを確認しましょう。

引数あり、戻り値なしの関数

引数あり、戻り値なしの関数を次のプログラムで確認します。

コード▶Chapter3➡function_2.py ⬇

```
01  def posi_nega_zero(n):
02      if n>0:
03          print(n, "は正の数です")
04      elif n<0:
05          print(n, "は負の数です")
06      else:
07          print(n, "はゼロです")
08
09  posi_nega_zero(200)
10  posi_nega_zero(-0.01)
```

posi_nega_zero()という関数を定義
引数の値が0より大きいなら
「nは正の数です」と出力
そうでなく、引数が0より小さいなら
「nは負の数です」と出力
いずれでもなければ
「nはゼロです」と出力

引数を与えて関数を呼び出す
引数を与えて関数を呼び出す

実行結果

```
200 は正の数です
-0.01 は負の数です
```

引数が正か負かを判定してメッセージを出力する関数を定義しています。

9行目と10行目で引数を与えて関数を呼び出しています。定義した関数は何度でも呼び出すことができます。

関数名の付け方のルールは、変数名の付け方（P.64）と一緒です。このプログラムでは positive number（正の数）、negative number（負の数）、zero（0）の英単語を略して関数名としました。

戻り値を持たせた関数

戻り値を持たせるには、関数内に **return 戻り値**と記述します。**戻り値には、変数や計算式を記述して、その値や計算結果を返す**ようにします。また、**条件に応じて True や False を返すように関数を設計する**こともあります。

三角形の底辺の長さと高さを引数で与えると、その三角形の面積を返す関数を定義して、戻り値がどのようなものかを確認します。三角形の面積は「底辺×高さ÷2」です。
次のプログラムを入力して動作を確認しましょう。

コード▶Chapter3➡function_3.py ⬇

```
01  def area_triangle(w, h):          area_triangle()という関数を定義
02      a = w*h/2                     引数wとhの値から面積を求めaに代入
03      return a                      aの値を返す
04
05  a = area_triangle(10,5)           関数で計算した面積をaに代入
06  print("底辺10、高さ5の三角形の面積", a)    print()でaの値を出力
07  print("底辺8、高さ12の三角形の面積", area_triangle(8,12))  print()に関数を記述して面積を出力
```

実行結果

```
底辺10、高さ5の三角形の面積 25.0
底辺8、高さ12の三角形の面積 48.0
```

底辺と高さの値を引数で受け取り、計算した面積aを戻り値として返す関数を定義しています。
5行目で関数を呼び出し、戻り値を変数aに代入し、6行目でaの値を出力しています。
7行目ではprint()の中にarea_triangle()を直接、記述しています。このように、変数を介さずに関数からの戻り値を扱うこともできます。

ローカル変数とグローバル変数の有効範囲について

function_3.pyの2行目と5行目で、それぞれaという変数を宣言しています。変数名は同じですが、それらは全く別の変数です。
2行目のaはローカル変数、5行目のaはグローバル変数と呼ばれる変数になります。変数はローカル変数とグローバル変数に分かれ、それぞれ扱える範囲が違います（**表3-5-1**）。

表3-5-1　ローカル変数とグローバル変数

変数の種類	どこで宣言したか	有効範囲（スコープ）と特徴
ローカル変数	関数の中で宣言	宣言した関数内でのみ使えます。 関数を呼び出すたびに値が初期化されます。
グローバル変数	関数の外で宣言	宣言後、プログラム内のどこでも使うことができます。 プログラム終了まで値が保持されます。

　変数の有効範囲を**スコープ**といいます（**図3-5-3**）。

図3-5-3　変数のスコープ

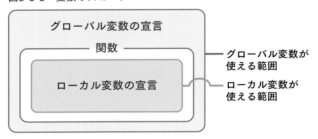

　グローバル変数の値を関数内で変更する場合、<ruby>global<rt>グローバル</rt></ruby> という予約語を使い、関数の冒頭でグローバル宣言する決まりがあります。これは他のプログラミング言語にはないPython独自のルールで、注意すべき点です。
　ゲーム制作の中でグローバル宣言について説明します。

COLUMN

乱数を使ってみよう

コンピューターゲームを作るとき、乱数を使う機会があります。
このコラムではPythonで乱数を発生させる方法を説明します。

▪ 乱数を発生させる命令

Pythonのプログラムで高度な処理を行うには、**モジュール**という機能を用います。乱数を使うには、**random モジュール**をインポートします。random モジュールには乱数を扱う色々な命令が備わっています。乱数を発生させる主な命令は次の通りです。

表3-C-1　乱数を発生させる命令

乱数の種類	記述例	意味
小数の乱数	r = random.random( )	rに0.0以上1.0未満の小数を代入する
整数の乱数	r = random.randint(1, 10)	rに1から10いずれかの整数を代入する
整数の乱数2	r = random.randrange(10, 20, 2)※	rに10,12,14,16,18のいずれかを代入する
複数の項目からランダムに選ぶ	r = random.choice([5, 6, 7])	rに5、6、7のいずれかを代入する

※ randrange(start, stop, step) で発生する乱数は、start以上stop未満になります。stopの値は入りません。

▪ 乱数を発生させるプログラム

random モジュールの使い方を確認します。
次のプログラムを実行すると、1から6の乱数が10回出力されます。

コード▶Chapter3➡random_int.py

```
01  import random              randomモジュールをインポート
02  for i in range(10):        10回繰り返す
03      r = random.randint(1, 6)   変数rに1から6の乱数を代入
04      print(r)               その値を出力
```

実行結果

```
6
6
1
5
4
5
6
2
6
3
```

次ページへつづく

randomモジュールを用いるには、1行目のように**import random**と記述します。

3行目の**random.モジュールに備わった関数**で乱数を発生させています。このプログラムではrandint( )で最小値と最大値を指定し、整数の乱数を発生させています。

このプログラムの処理は、例えるなら、サイコロを10回振り、出た目を並べていくようなものです。ただしコンピューターの乱数は、乱数を作る計算式で作られるものなので、厳密にはサイコロのように無作為に選ばれる数とは違います。

■ ジャンケンゲームを作ろう

複数の項目から1つを選ぶchoice( )を使って、コンピューターにジャンケンの手を選ばせる処理を簡単に作ることができます。次のプログラムでそれを確認します。

実行して Enter キーを押すと、コンピューターがグー、チョキ、パーのいずれかを出力します。終了するには「end」と入力して Enter キーを押します。

コード▶Chapter3➡random_janken.py

```
01 import random
02 print("コンピューターとジャンケンをしましょう")
03 print("endと入力してEnterを押すと終了します")
04 while True:
05     i = input("ジャンケンっ")
06     if i=="end": break
07     hand = random.choice(["グー", "チョキ", "パー"])
08     print(hand)
```

行	説明
01	randomモジュールをインポート
02–03	説明文を出力
04	無限に繰り返す
05	「ジャンケンっ」と出力して入力を待つ
06	endと入力した場合、whileを中断して終了
07	変数handにグー、チョキ、パーいずれかを代入
08	handの値を出力

実行結果

```
コンピューターとジャンケンをしましょう
endと入力してEnterを押すと終了します
ジャンケンっ
チョキ
ジャンケンっ
パー
ジャンケンっ
パー
ジャンケンっ
パー
ジャンケンっend
```

4行目のように**whileの条件式をTrueにすると、処理を無限に繰り返します**。このプログラムでは、5～8行目の処理が延々と繰り返されます。

5行目でinput( )で入力した文字列を変数iに代入しています。

iの値が「end」なら、6行目のbreakでwhileの繰り返しを中断しています。

7行目のrandom.choice( )で、グー、チョキ、パーのいずれかをランダムに選び、変数handに代入しています。それを8行目で出力しています。

Pythonではtkinterモジュールを使って、グラフィックを描くキャンバスや入力用のボタンなどを配置したソフトウェアを作成できます。この章では、tkinterの機能と使い方を説明します。本書では、グラフィックを用いたゲームを制作します。ここで学ぶ内容は、ゲームを作るための準備になります。

GUIプログラミングを学ぼう

Chapter

4

ウィンドウを表示しよう

この節ではゲームなどのソフトウェアに関する基礎知識を説明し、ウィンドウを作成するプログラムを入力して動作を確認します。次の節ではウィンドウに画像や図形などのグラフィックを表示する方法を学び、ゲーム制作の準備を進めます。

≫ CUI と GUI について

CUI（シー・ユー・アイまたはクイ）とは Character User Interface を略した言葉で、IDLE のように文字列の入出力でコンピューターを操作する仕組みを意味します。Windows の「コマンドプロンプト」や PowerShell、Mac の「ターミナル」などが CUI に該当します。

図4-1-1　CUIの例（WindowsのPowerShell）

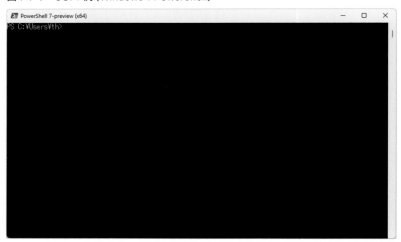

Python を使って、CUI 上で動くソフトウェアを作ることができます。その一例として、前の章のコラムで、コンピューターとジャンケンをするプログラムを確認しました。

CUI に対し **GUI**（ジー・ユー・アイまたはグイ）という言葉があります。GUI は Graphical User Interface の略で、ソフトウェアを扱うときに操作すべき個所がわかりやすいように、アイコンなどのグラフィックを用いて作られた操作系を意味します。

図4-1-2　GUIの例（Windowsの文書作成ソフト）

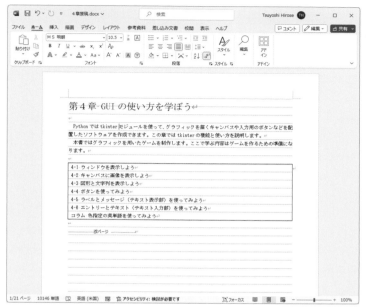

　　GUIのソフトウェアにはボタンやテキスト入力部などが配置され、マウスや指を使った入力（タップ、スワイプなど）で操作できます。世の中にあるソフトやアプリで、みなさんが一般的に使うものの多くはGUIの操作系になっています。

ゲーム制作に必須のウィンドウ

　　グラフィックを用いたゲームを作るには、コンピューターの画面にウィンドウを表示する必要があります。本書ではグラフィックを描くキャンバスや、ゲーム操作に使うボタンなどをウィンドウに配置して、ゲームを制作します。つまり本書で作るゲームはGUIの操作系を持つソフトウェアです。

　　Pythonでは**tkinter**というモジュールを使ってウィンドウを作ることができます。次にモジュールの概要を説明します。

モジュールについて

　　第3章でプログラミングの基礎を学んだとき、変数や計算式、ifやforなどを使ってプログラムを記述しました。それらのプログラムを組むために準備は不要でしたが、前章のコラムで乱数を使う際には、import randomと記述してrandomモジュールの機能を取り入れました。

　　Pythonで高度な処理を行うには**モジュール**と呼ばれる機能を追加します。Pythonには多彩なモジュールが備わっています。本書では、次のモジュールを用います。

表4-1-1　本書で用いるモジュール

モジュール名	機能	本書で用いる章
calendar	カレンダーを出力する	第2章
webbrowser	ブラウザを扱う	第2章
datetime	日時を扱う	第2章
random	乱数を扱う	第3章、第4章、第7章、付録
tkinter	ウィンドウを作り、GUIの部品を扱う	第4章以降の全章
tkinter.messagebox	メッセージボックスを表示する	第5章、第6章、付録
time	時間に関する処理を行う	付録

※他の有名なモジュールとして、数学的な計算の機能を備えたmathモジュールがあります。

≫≫ tkinterでウィンドウを表示しよう

GUIを扱うためのモジュールが**tkinter**です。tkinterを使ってウィンドウを表示します。

次のプログラムを入力して実行し、動作を確認しましょう。ウィンドウを作る命令、その大きさを指定する命令、ウィンドウのタイトルを指定する命令を記述したプログラムになります。

コード▶Chapter4➡window_1.py

```
01  import tkinter                              tkinterモジュールをインポート
02  root = tkinter.Tk()                          ウィンドウを作る
03  root.geometry("800x480")                    ウィンドウの大きさを指定
04  root.title("tkinterでウィンドウを表示")        ウィンドウのタイトルを指定
05  root.mainloop()                              ウィンドウの処理を開始
```

実行画面▶window_1.py

tkinterモジュールを用いるには、1行目のように**import tkinter**と記述します。

2行目のroot = tkinter.**Tk( )**でウィンドウの部品を作っています。このような部品は**オブジェクト**と呼ばれます。

このプログラムではウィンドウの変数（オブジェクト変数）をrootとしています。Pythonではウィンドウの変数名をrootとすることが多いので、本書のプログラムでもrootとします。

3行目の**geometry( )**という命令でウィンドウの幅と高さを指定できます。引数の"幅x高さ"のxは、半角小文字のエックスです。

4行目の**title( )**命令の引数でウィンドウのタイトルを指定します。

geometry( )とtitle( )はウィンドウの変数（ここではroot）に対して用いる命令です。

5行目のroot.**mainloop( )**でウィンドウの処理を開始します。mainloop( )はtkinterを用いたソフトウェアの処理を始める決まり文句のようなもので、この記述を難しく考える必要はありません。

キャンバスに画像を表示しよう

この節では、**Canvas**と呼ばれる部品をウィンドウに配置して画像を表示します。グラフィックを扱うにはコンピューターの座標について知る必要があるので、最初に解説します。

≫≫ コンピューターの座標について

グラフィックを用いたソフトウェアを作るには、コンピューターの座標についての知識が必要不可欠です。初めにそれを説明します。

図4-2-1　コンピューターの座標

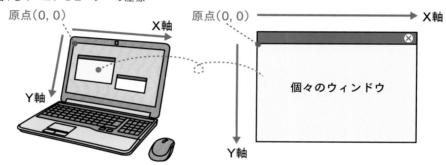

コンピューターの画面は左上の角が原点(0,0)で、横方向がx軸、縦方向がy軸です。
コンピューターの画面に表示される個々のウィンドウも、ウィンドウ内の左上角が原点、横方向がx軸、縦方向がy軸です。**y軸の向きは数学と逆**で、下に向かってyの値が大きくなります。

≫≫ 学習に用いる画像について

第1章で画像生成AIの使い方を学びました。AIで生成した画像をPythonのプログラムで表示します。ここでは次ページの画像を使用しますが、みなさんが作った画像を表示することもできます。

図4-2-2　学習に用いる画像ファイル　※Chapter4の「image」フォルダ内にあります。

使用した生成AI	Image Creator
プロンプト	パソコンの前に座り、プログラミングを学んでいる猫。漫画風のタッチ。
画像の加工	生成した1024×1024ピクセルの画像をダウンロードし、Windowsの「ペイント」やMacの「プレビュー」で640×640ピクセルに縮小して、PNG形式で保存。

本書で用いる全ての素材を本書サポートページで配布しています。それを使って学習を進めることができます。ダウンロード方法をP.8で説明しています。

》》》 キャンバスに画像を表示しよう

　画像を表示するには、tkinterの **Canvas( )** 命令でキャンバスを作り、それを **pack( )** 命令でウィンドウに配置します。次に画像を読み込む **PhotoImage( )** 命令で変数に画像を読み込み、読み込んだ画像を **create_image( )** 命令でキャンバスに表示します。
　次のプログラムを入力して動作を確認しましょう。**図4-4-2** の画像を読み込み、キャンバスに表示します。

コード ▶ Chapter4 ➡ canvas_1.py ⬇

```
01  import tkinter                                          tkinterをインポート
02  root = tkinter.Tk()                                     ウィンドウを作る
03  root.title("キャンバスに画像を表示")                        タイトルを指定
04  cvs = tkinter.Canvas(width=640, height=640)             キャンバスを用意
05  cvs.pack()                                              キャンバスをウィンドウに配置
06  img = tkinter.PhotoImage(file="image/cat.png")          変数imgに画像を読み込む
07  cvs.create_image(320, 320, image=img)                   キャンバスに画像を表示
08  root.mainloop()                                         ウィンドウの処理を開始
```

実行画面 ▶ canvas_1.py ⬇

>>> プログラムの解説

プログラムの内容を説明します。

▪ キャンバスの準備と配置

この画像は幅640ピクセル、高さ640ピクセルの大きさです。4行目のcvs = tkinter.Canvas(width=640, height=640)で、画像と同じ大きさのキャンバスを作っています。cvsという変数がキャンバスの部品（オブジェクト変数）になります。

tkinterでは「部品の変数名 = 部品を作る命令」と記述して、各種の部品を作ります。

5行目のpack( )という命令でキャンバスをウィンドウに配置しています。pack( )で配置すると、ウィンドウがキャンバスの大きさに合わせて広がります。そのため前の節で用いたgeometry( )を記述する必要はありません。

▪ 画像の読み込み

6行目の tkinter.PhotoImage( )の file= という引数で、ファイルのある場所とファイル名を指定し、変数に画像を読み込んでいます。今回はプログラムと同じ階層（フォルダ）にある「image」フォルダ内の cat.png を指定しています。画像を読み込むときは、画像の場所とファイル名を正しく指定する必要があります。

tkinter で扱えるのは PNG や GIF 形式の画像で、JPEG 形式は読み込めません。生成 AI で作った画像が JPEG 形式の場合、ペイントツールで PNG 形式に変換しましょう。

自分で用意した画像を使用するときは、画像の配置場所（どのフォルダに入れるか）、画像のファイル名、画像のファイル形式に注意しましょう。

▪ 画像の表示

画像を表示するには、7行目のようにキャンバスの変数に対して create_image( )命令を用います。create_image( )の引数は、x 座標、y 座標、image=画像を読み込んだ変数です。

create_image( )の引数の座標で注意すべきことがあります。それは指定した x 座標と y 座標が画像の中心になることです。

このプログラムでは (320, 320) の座標を指定して、キャンバス中央に画像を表示しています。この座標を例えば (0, 0) にすると、画像が左上に寄ってしまい、一部しか表示されません。7行目を cvs.create_image(0, 0, image=img) と書きかえて試してみましょう。

図形と文字列を表示しよう

キャンバスに図形を描いたり、文字列を表示できます。この節では図形と文字列の表示方法を説明します。

》》 図形と文字列を表示する命令

図形を描く命令と文字列を表示する命令は次の通りです。

表4-3-1　キャンバスの描画命令

線 create_line(x1, y1, x2, y2, fill=色, width=線の太さ) ・座標は[x1,y1,x2,y2]と配列でも指定できる。 ・3点以上をまとめて指定し、それらを線で結べる。 ・3点以上指定して、smooth=Trueという引数を与えると曲線になる。	(x1, y1) (x2, y2)
矩形（長方形や正方形） create_rectangle(x1, y1, x2, y2, fill=塗る色, outline=周りの線の色, width=線の太さ)	(x1, y1) (x2, y2)
楕円 create_oval(x1, y1, x2, y2, fill=塗る色, outline=周りの線の色, width=線の太さ)	(x1, y1) (x2, y2)
多角形 create_polygon([x1,y1,x2,y2,x3,y3,…,…], fill=塗る色, outline=周りの線の色, width=線の太さ) ・複数の頂点を指定して多角形を描く。	(x1, y1) (…, …) (x2, y2) (x3, y3)
扇形（円弧） create_arc(x1, y1, x2, y2, fill=塗る色, outline=周りの線の色, start=開始角, extent=何度開くか, style=tkinter.形状) ・角度は度(degree)で指定する。 ・style=は省略可。指定するならARC、CHORD、PIESLICEのいずれかを記す。 　ARCは弧、CHORDは弦の意味。PIESLICEは一部を切り取ったパイの形。	(x1, y1) (x2, y2)
文字列 create_text(x, y, text=文字列, fill=色, font=(種類,大きさ)) ・(x,y)が文字列の中心座標になる。 ・フォントの種類はSystemやTimes New Romanなどで指定する。	(x, y) 文字列

line は線、rectangle は矩形、oval は楕円、polygon は多角形、arc は円弧という意味です。

矩形とは4つの角とも直角の長方形を意味する言葉です。正方形を除く四角形を指すことが多いですが、プログラミングでは正方形と長方形を区別しないので、本書ではどちらも矩形と呼びます。

これらの命令をキャンバスの変数に対して用います。

図形の描画命令は、引数の fill= で塗る色、outline= で周りの線の色、width= で線の太さを指定します。塗る色を指定しなければ、線だけで図形が描かれます。

≫≫ 図形と文字列を表示しよう

キャンバスに図形と文字列を表示するプログラムを確認します。

コード▶Chater4➡canvas_2.py ⬇

```
01  import tkinter                                            tkinterをインポート
02  root = tkinter.Tk()                                       ウィンドウを作る
03  root.title("キャンバスに図形と文字列を表示")               タイトルを指定
04  cvs = tkinter.Canvas(width=960, height=600, bg="black")   キャンバスを用意
05  cvs.pack()                                                キャンバスを配置
06  cvs.create_line(0, 0, 200, 600, fill="red", width=5)      線を引く
07  cvs.create_rectangle(200, 50, 500, 200, fill="orange",    矩形を描く
    outline="yellow", width=5)
08  cvs.create_oval(200, 300, 500, 500, fill="green", outline="")  楕円を描く
09  cvs.create_polygon([600,100,500,500,700,500], fill="cyan",  多角形を描く
    outline="blue", width=8)
10  cvs.create_arc(700, 100, 900, 300, fill="violet", start=0,  扇形を描く
    extent=270)
11  cvs.create_text(800, 400, text="文字列", fill="white",      文字列を表示する
    font=("System",30))
12  root.mainloop()                                           ウィンドウの処理を開始
```

各命令の記述の仕方は、前ページで説明した通りです。

座標や色の引数を変えて図形を描き、キャンバスの座標について理解しておきましょう。

また、色の英単語は、章末のコラム（P.105）に掲載しています。

実行画面▶canvas_2.py ⬇

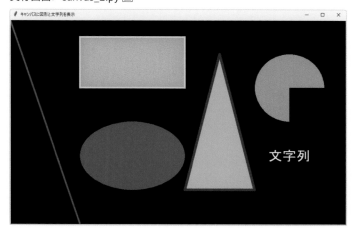

ボタンを使ってみよう

ウィンドウにボタンを配置する方法と、ボタンの使い方を説明します。

》》》 ボタンの配置

ボタンはtkinterに備わる**Button( )**という命令で作ります。キャンバスはpack( )命令で配置しましたが、ここで確認するプログラムでは、ボタンを**place( )**という命令で座標を指定して配置します。

次のプログラムを入力して動作を確認しましょう。

コード▶ button_1.py ⬇ ※ボタンの生成と配置に**マーカー**を引いています。

```
01  import tkinter                                              tkinterをインポート
02  root = tkinter.Tk()                                        ウィンドウを作る
03  root.geometry("400x200")                                   ウィンドウの大きさを指定
04  but = tkinter.Button(text="Button()でボタンを配置", font=("System",16))   ボタンの部品を作る
05  but.place(x=20, y=10)                                      座標指定してボタンを配置
06  root.mainloop()                                            ウィンドウの処理を開始
```

実行画面▶button_1.py ⬇

ウィンドウにボタンが表示されました。ただし、このプログラムはボタンをクリックしても反応しません。プログラムの内容を確認してから、ボタンを押したときに処理を行う方法を説明します。

ボタンを作る命令と配置する命令は次のように記述します。

```
変数 = tkinter.Button(root, text=ボタンに表示する文字列, font=(フォント名, 大きさ))
変数.place(x=x座標, y=y座標)
```

Button( )の第一引数のrootはウィンドウの変数です。この記述は省略できるので、button_1.pyには記述していません。

text= でボタンに表示する文字列を指定します。

font= でフォントの種類と大きさを指定します。本書ではWindow、Macともに使用できるSystemかTimes New Romanでフォントの種類を指定します。なお、特殊なフォントを指定して他の環境にそれが存在しないと、他のパソコンで実行したときに別のフォントで表示されます。

place( )の引数のx= とy=で、ボタンを配置する座標を指定します。ウィンドウ内の座標は4-2節（P.90）で説明したように、左上角が原点(0,0)、横方向がx軸、縦方向がy軸です。

≫≫ ボタンを反応させよう

ボタンを押すと反応するようにします。**ボタンを作るButton( )の引数にcommand = 関数と記述すると、ボタンを押したときに指定の関数が呼び出される**ようになります。押したときの処理は、関数を定義して、そこに記述します。

次のプログラムを入力して実行し、ボタンをクリックして動作を確認しましょう。

コード▶button_2.py 🔽　※ボタンを押したときに働く関数とcommand=にマーカーを引いています

```
01  import tkinter                                      tkinterをインポート
02
03  def btn_on():                                       btn_onという関数を宣言
04      but["text"] = "ボタンを押しました"                ボタンの文字列を変更する
05
06  root = tkinter.Tk()                                 ウィンドウを作る
07  root.geometry("400x200")                            ウィンドウの大きさを指定
08  but = tkinter.Button(text="ボタンをクリックせよ",     ボタンを作る時、クリック時に働く関数を指定
    font=("System",16), command=btn_on)
09  but.place(x=20, y=10)                               座標指定してボタンを配置
10  root.mainloop()                                     ウィンドウの処理を開始
```

実行画面▶button_2.py 🔽

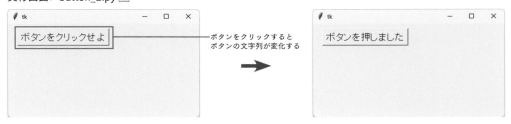

ボタンをクリックすると
ボタンの文字列が変化する

ボタンの変数名をbutとしています。ボタンを作る書式と、クリックしたときに働く関数の関係を図解します。

図4-4-1　ボタンを作る書式と働く関数

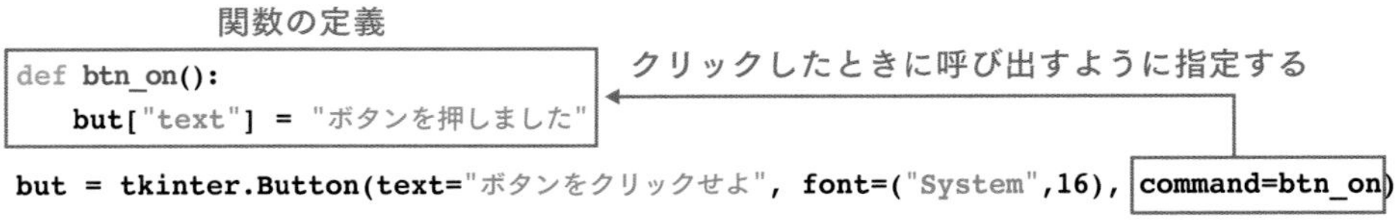

関数の定義

```
def btn_on():
    but["text"] = "ボタンを押しました"
```

クリックしたときに呼び出すように指定する

```
but = tkinter.Button(text="ボタンをクリックせよ", font=("System",16), command=btn_on)
```

　Button()の引数にcommand=関数名と記述し、クリックしたときに呼び出す関数を指定しています。**command=で指定する関数名には()を付けない決まりがあります。**
　btn_on()関数に記述した but["text"] = "ボタンを押しました" は、「ボタンの部品(but)の文字列(text)を、ボタンを押しました、にせよ」という意味になります。

ラベルとメッセージ（テキスト出力部）を使ってみよう

tkinterにはラベル（Label）とメッセージ（Message）という、文字列を表示するための部品があります。それらの使い方を説明します。

≫≫ ラベルを配置しよう

ラベルは **Label( )** 命令で作ります。次のプログラムを入力して動作を確認しましょう。

コード▶ label_1.py ⬇ ※ラベルの生成と配置にマーカーを引いています

```
01  import tinter                                        tkinterをインポート
02  root = tkinter.Tk()                                  ウィンドウを作る
03  root.geometry("800x300")                             ウィンドウの大きさを指定
04  t = "ラベルに表示する文字列を変数に代入"                   変数に文字列を代入
05  lab = tkinter.Label(text=t, font=("System", 24))     ラベルの部品を作る
06  lab.place(x=80, y=120)                               座標指定してラベルを配置
07  root.mainloop()                                      ウィンドウの処理を開始
```

実行画面▶label_1.py ⬇

ラベルを作って配置するには次のように記述します。

```
変数 = tkinter.Label(text= ラベルに表示する文字列 , font=( フォント名 , 大きさ ))
変数 .place(x=x 座標 , y=y 座標 )
```

Label( )の引数のtext=でラベルに表示する文字列を指定します。このプログラムでは4行目で変数tに文字列を代入し、text=tとして、その文字列を表示しています。

ここではラベルの色を指定していませんが、bg=という引数で背景色を、fg=という引数で文字の色を指定できます。色指定に用いる英単語を本章末のコラムに掲載しています。

⟫⟫⟫ メッセージを配置しよう

メッセージという部品で、長い文字列を改行して表示できます。メッセージはMessage( )命令で作ります。次のプログラムを入力して動作を確認しましょう。

コード▶ message_1.py 🔽　※メッセージの生成と配置にマーカーを引いています

```
01   import tkinter                                tkinterをインポート
02   root = tkinter.Tk()                           ウィンドウを作る
03   root.geometry("600x300")                      ウィンドウの大きさを指定
04   mes = tkinter.Message(width=500, bg="white")  メッセージの部品を作る
05   mes["text"] = "「今日はよい天気です」"*10         メッセージの文字列を指定
06   mes.place(x=50, y=20)                         座標指定してメッセージを配置
07   root.mainloop()                               ウィンドウの処理を開始
```

※Pythonでは5行目のように文字列*nとすると、その文字列をn回繰り返した文字列になります。

実行画面▶message_1.py 🔽

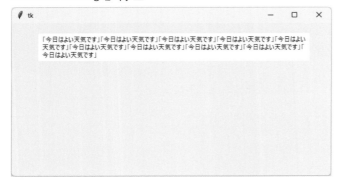

メッセージを作るときは次のように記述します。

> 変数 = tkinter.Message(text= 表示する文字列 , font=(フォント名 , 大きさ),
> width= 幅 , bg= 背景色)

メッセージの部品を作るときにtext= で表示する文字列を指定できますが、ここでは部品を作った後に、5行目の mes["text"] = "「今日はよい天気です」"*10 で文字列を指定しました。5行目は「メッセージ(mes)の文字列(text)を、今日はよい天気ですを10個分、並べたものにせよ」という意味です。tkinterの部品は、このように生成後に操作できます。

Message( )の引数のfont= でフォント、width= で横幅（ピクセル数）、bg= 背景色を指定します。このプログラムではフォント指定を省いています。

place( )を使ってウィンドウに配置する方法は、ボタンやラベルと一緒です。place( )の引数のx= でx座標、y= でy座標を指定します。

4-6 エントリーとテキスト（テキスト入力部）を使ってみよう

エントリー（Entry）という1行のテキスト入力用の部品と、テキスト（Text）という複数行のテキスト入力用の部品の使い方を説明します。

》》》 エントリー（1行の入力部）を使ってみよう

エントリーは**Entry( )**という命令で作ります。次のプログラムを入力して動作を確認しましょう。

コード▶ Chapter4➡entry_1.py ⬇ ※エントリーの生成と配置にマーカーを引いています

```
01  import tkinter                         tkinterをインポート
02  root = tkinter.Tk()                    ウィンドウを作る
03  root.geometry("600x240")               ウィンドウの大きさを指定
04  ent = tkinter.Entry(width=50)          半角50文字分のエントリーの部品を作る
05  ent.place(x=10, y=10)                   座標指定してエントリーを配置
06  root.mainloop()                        ウィンドウの処理を開始
```

実行画面▶entry_1.py ⬇

エントリーを作るときに、Entry( )の引数のwidth=で半角何文字分の入力部にするかを指定します。この指定はエントリーの見た目の幅になり、実際には指定したより多くの文字数を入力できます。

ここでは省きましたが、ボタンやラベルと同様に、Entry( )の引数のfont=でフォントを指定できます。

》》》 Entryの文字列を操作しよう

insert( )という命令でエントリーに文字列を挿入できます。**get( )**という命令でエントリーの文字列を取得できます。エントリーの文字列の削除は**delete( )**という命令で行います。

エントリーの他にボタンを2つ配置し、ボタンを押すとエントリーの文字列を取得し、もう1つのボタンを押すとエントリーの文字列を削除するプログラムを確認します。

コード ▶ Chapter4➡entry_2.py

```
01  import tkinter                                              tkinterをインポート
02
03  def btn1_on():                                             ボタン1を押した時に働く関数を定義
04      print(ent.get())                                       エントリーの文字列をprint()で出力
05
06  def btn2_on():                                             ボタン2を押した時に働く関数を定義
07      ent.delete(0, tkinter.END)                             エントリーの文字列を全て削除
08
09  root = tkinter.Tk()                                        ウィンドウを作る
10  root.geometry("600x240")                                   ウィンドウの大きさを指定
11  ent = tkinter.Entry(width=50)                              エントリーを作る
12  ent.insert(0, "この文字列を書き変えてボタンを押しましょう")   エントリーに文字列を挿入
13  ent.place(x=10, y=10)                                      座標指定してエントリーを配置
14  bu1 = tkinter.Button(text="文字列を取得", command=btn1_on)  ボタン1を作り、クリック時の関数を指定
15  bu1.place(x=10, y=50)                                      座標指定してボタン1を配置
16  bu2 = tkinter.Button(text="文字列を削除", command=btn2_on)  ボタン2を作り、クリック時の関数を指定
17  bu2.place(x=10, y=90)                                      座標指定してボタン2を配置
18  root.mainloop()                                            ウィンドウの処理を開始
```

実行画面▶entry_2.py

　「文字列を取得」ボタンを押すとエントリーの文字列がシェルウィンドウに出力され、「文字列を削除」ボタンでエントリーの文字列が消えることを確認しましょう。

　11行目でエントリーの部品を作った後、12行目のinsert()で文字列を挿入しています。
　insert()の第一引数の0は、0文字目（初めの位置）に挿入するという意味です。
　ボタンを2つ配置し、それらを押すと、btn1_on()とbtn2_on()の関数が働くようにしています。
　btn1_on()関数はget()で文字列を取得し、それをprint()でシェルウィンドウに出力します。
　btn2_on()関数は、delete()でエントリーの全ての文字列を削除します。delete()の引数の0は0文字目という意味で、**tkinter.END** は文字列の最後という意味です。
　文字列は最初の1文字目を0番と数えます。全ての文字を削除するには、0とtkinter.ENDで指定します。例えばent.delete(0,2)とすると、エントリーの文字列のうち、初めの2文字が削除されます。

≫≫ テキスト（複数行の入力部）を使ってみよう

複数行の文字列を入力できるテキストは、**Text( )** という命令で作ります。
次のプログラムでテキストの使い方を確認します。

コード▶ Chapter4➡text_1.py ⤓ ※テキストの生成と配置にマーカーを引いています

```python
01  import tkinter                                              tkinterをインポート
02  import random                                              randomをインポート
03
04  def btn1_on():                                             ボタン1を押した時に働く関数の定義
05      hand = random.choice(["グー","チョキ","パー"])         グー,チョキ,パーいずれかをhandに代入
06      tex.insert(tkinter.END, hand+"、")                     テキストの最後尾にhandの値を追加
07
08  def btn2_on():                                             ボタン2を押した時に働く関数の定義
09      tex.delete("1.0", tkinter.END)                        テキスト全体を削除
10
11  def btn3_on():                                             ボタン3を押した時に働く関数の定義
12      print(tex.get("1.0", "end-1c"))                       テキストの文字列をシェルウィンドウに出力
13
14  root = tkinter.Tk()                                        ウィンドウを作る
15  root.geometry("600x240")                                  ウィンドウの大きさを指定
16  root.title("ジャンケンアプリ")                             ウィンドウのタイトルを指定
17  tex = tkinter.Text()                                      複数行のテキスト入力部を作る
18  tex.place(x=10, y=10, width=500, height=100)              座標指定してテキストを配置
19  bu1 = tkinter.Button(text="ジャンケン", command=btn1_on)   ボタン1を作り、クリック時の関数を指定
20  bu1.place(x=10, y=160, width=100)                         座標指定してボタン1を配置
21  bu2 = tkinter.Button(text="クリア", command=btn2_on)       ボタン2を作り、クリック時の関数を指定
22  bu2.place(x=210, y=160, width=100)                        座標指定してボタン2を配置
23  bu3 = tkinter.Button(text="get()の確認", command=btn3_on)  ボタン3を作り、クリック時の関数を指定
24  bu3.place(x=410, y=160, width=100)                        座標指定してボタン3を配置
25  root.mainloop()                                            ウィンドウの処理を開始
```

実行画面▶text_1.py ⤓

複数行のテキスト入力部であるテキストと、3つのボタンを配置しています。
　「ジャンケン」ボタンを押すたびに、グー、チョキ、パーのいずれかがテキストに追加されます。
　「クリア」ボタンでテキストの文字列が全て削除されます。
　「get( )の確認」ボタンでテキストの文字列がシェルウィンドウに出力されます。

Text( )でテキストの部品を作り、place( )でウィンドウに配置しています。配置するときのplace( )の引数を、x=x座標、y=y座標、width=幅、height=高さとして、テキストの座標と大きさを指定しています。

tkinterで作る部品は、配置する際、place()の引数のwidth= とheight= で幅と高さを指定できます（一部の部品を除く）。このプログラムはボタンを配置するとき、width=100として100ピクセルの幅になるようにしています。

>>> テキスト内の文字列の位置について

テキストへの文字列の挿入（書き込み）は、**insert(位置 , 文字列)**で行います（6行目）。このプログラムでは、挿入位置を**tkinter.END**としてテキストの最後尾にしています。

テキストの文字列の削除は、**delete(初めの位置 , 終わりの位置)**で行います（9行目）。ここでは全ての文字列を削除するために、delete("**1.0**", tkinter.END)としています。1.0は1行目の0文字目（一番初めの文字）という意味です。

テキスト内の文字の位置を図解します。

図4-6-1　テキストの文字の位置

テキストに入力された文字列の取得は、**get(初めの位置 , 終わりの位置)**で行います（12行目）。

get()を使うときの注意点は、全ての文字列を取得するにはget("1.0", "end-1c")とすることです。終わりの位置をtkinter.ENDとすると、テキスト最後尾にある（見た目にはわからない）不要なコードも取得します。不要なコードを含めないようにするには、終わりの位置を最後尾から1文字（1character）手前という意味の**end-1c**で指定します。

この章ではtkinterでウィンドウを作る方法と、キャンバスやボタンなどの部品の使い方を学びました。tkinterの部品は**ウィジェット**と呼ばれます。

色の英単語を使ってみよう

このコラムでは、tkinter での色指定に使える色の英単語を紹介します。

表4-C-1　主な色の英単語

maroon	栗色	yellow green	黄緑色	purple	紫
brown	茶色	lime	ライム/明るい緑	violet	スミレ色
crimson	深紅色	lime green	ライムグリーン	magenta	マゼンタ
red	赤	forest green	濃緑(深緑)	plum	プラム/李色
tomato	トマト色	green	緑色	lavender	ラベンダー
salmon	鮭色	deep green	深緑(濃緑)	white	白
pink	ピンク/桃色	dark cyan	暗い水色	white smoke	白煙色
deep pink	濃いピンク	cyan	青緑/水色/シアン	light gray	明るい灰色
chocolate	チョコレート色	sky blue	空色	silver	銀色
orange	オレンジ色/橙	royal blue	藤紫	dark gray	濃い灰色
olive	オリーブ色	blue	青	gray	灰色
gold	金色	medium blue	中間青	beige	ベージュ
yellow	黄色	navy	濃紺		
khaki	カーキ/黄褐色	indigo	藍色		

次のプログラムを実行すると、これらの英単語の色で矩形が表示されます。

コード ▶ Chapter4 ➡ color_words.py ⬇

```
01  import tkinter                                              tkinterをインポート
02  root = tkinter.Tk()                                         ウィンドウを作る
03  root.title("色の英単語を使ってみよう")                          タイトルを指定
04  cvs = tkinter.Canvas(width=960, height=480, bg="black")     キャンバスを用意
05  cvs.pack()                                                  キャンバスを配置
06
07  COLOR = [                                                   ┬色の英単語の定義
08   "maroon", "brown", "crimson", "red", "tomato", "salmon",   │
09   "pink", "deep pink", "chocolate", "orange", "olive", "gold", │
10   "yellow", "khaki", "yellow green", "lime", "lime green",   │
11   "forest green", "green", "dark green", "dark cyan", "cyan", │
12   "sky blue", "royal blue", "blue", "medium blue", "navy",   │
13   "indigo", "purple", "violet", "magenta", "plum", "lavender", │
14   "white", "white smoke", "light gray", "silver", "dark gray", │
15   "gray", "beige"                                            │
16  ]                                                           ┴
17  F = ("Times New Roman", 20, "bold");                        フォントの定義
18  x = 120                                                     ┬単語を表示する座標を
19  y = 24                                                      ┘計算するための変数
20  for c in COLOR:                                             英単語を1つずつ取り出す
21      cvs.create_rectangle(x-100, y-18, x+100, y+18, fill=c)  その色で矩形を描く
22      cvs.create_text(x, y, text=c, fill="black", font=F)     英単語を表示
23      y += 48                                                 y座標を48増やす
24      if y>456:                                               y座標が456を超えたら
25          y = 24                                              y座標を24にする
```

26	`        x += 240`		x座標を240右に移動
27			
28	`root.mainloop()`		ウィンドウの処理を開始

※ 26行目のx+=240は半角スペース8文字分、字下げしています。Pythonのプログラムは字下げの位置に注意して入力しましょう。

実行画面 ▶ color_words.py

20行目の for c in COLOR: について説明します。

COLOR[ ] という配列で色の英単語を定義しています。Pythonではforのinの後に配列名を記述すると、その配列の要素を1つずつ取り出しながら繰り返しが行われます。このfor文は変数cに英単語が1つずつ代入され、21〜26行目の処理が繰り返されます。

21〜26行目で英単語の色で矩形を描き、その中に英単語の文字列を表示しています。表示位置は変数xとyで計算しています。縦に矩形と英単語を並べていき、ウィンドウ下端に達したら、右にずらして次の列を表示する計算を行っています。

色指定に使える英単語は他にもあります。興味を持たれた方は「**色 英単語 Webカラー**」などのキーワードでネット検索すると、情報を得ることができます。

この章では文章生成AIでクイズの問題と答えを作り、画像生成AIで画像素材を用意し、それらを使ってクイズゲームを制作します。

クイズゲームを
作ろう

Chapter

ゲーム内容を考えよう

この章ではクイズゲームを作ります。はじめに制作するゲームの内容を決めましょう。

>>> クイズゲームとは？

クイズゲームはコンピューターやスマートフォンで遊ぶクイズです。ゲームメーカーが発売、配信するクイズゲームはさまざまなジャンルの問題が出題されます。それらのゲームには、正解数に応じてキャラクターが成長する、アイテムがもらえる、物語が進むなどの要素が入っています。

本書では生成AIの使い方とプログラミングの学習を目的に、問題数を5問に限定し、1問ずつ回答して、最後に正解数を表示するシンプルな内容のゲームを制作します。

>>> 仕様を明確にする理由

クイズという遊びは、どなたにも馴染みのあるものですが、それをコンピューターで実現するにはプログラミングの基礎知識を総動員する必要があります。また、グラフィックを用いたゲームを作るには第4章で学んだ知識が必要になります。

ゲームを作るとき、はじめに仕様を定めるとプログラミングしやすくなります。プログラミングに入る前に、ゲームの中身を、しっかりと考えましょう。特にプログラミングに慣れていない方は、行き当たりばったりでプログラミングを始めると、途中で何を組み込むべきかわからなくなりがちです。それを防ぐためにも仕様を明確にする必要があります。

>>> 仕様を考えよう！

ゲームなどのソフトウェア開発における「**仕様**」とは、制作の過程で、どのような機能を盛り込むかを記した文書のことです。具体的には、以下のような内容を書面にまとめます。

表5-1-1　ソフトウェアの仕様　※多くのソフト開発に共通する項目を挙げます

仕様	内容
❶機能	そのソフトウェアを使って何ができるのか。
❷インターフェース	どのような画面構成になるのか、どこを操作するのかなど。
❸データ	開発に用いるデータ、及び、そのソフトウェアで扱うデータ。データの構造など。

※❸は大きく、開発自体に必要なデータと、完成したソフトウェアで扱うデータがあります。
　本書ではゲームを作るために必要な文章や画像を指し、それらを生成AIで作成します。

　ソフトウェアの開発部門や制作会社などの現場では、処理の流れを図示したり（その図を**フローチャート**といいます）、処理速度やセキュリティに関する項目などを含めた詳細な仕様書を用意して、それを元に複数人のプログラマーが共同作業で開発を行います。ただし、本書は生成AIの使い方とプログラミングを個人学習で学ぶ本であり、綿密な仕様書は不要なので、ゲーム制作の前に簡単に仕様を決めます。そして生成AIで素材を作った後、プログラミングに入るという流れでゲームを作っていきます。

この章で作るゲームの仕様

　この章では次のようなクイズゲームを制作します。

表5-1-2　この章で作るゲームの仕様

機能	・クイズの問題が出題（画面に表示）され、ユーザーは答えを入力する。 ・ボタンを押したときに、正解か不正解かを判断する。 ・全ての問題に答えると、正解数が表示される。
インターフェース	・画像と文章をウィンドウに表示する。 ・答えを入力するためのテキスト入力部と、正誤判定を行うボタンを設ける。
データ	・臨場感を高めるための画像（PNG形式のファイル）。 ・クイズの問題と答え（文字列のデータ）。

図5-1-1　この章で作るゲームの画面構成

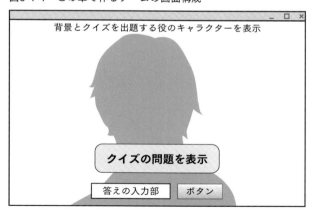

tkinterモジュールに備わるCanvas( )命令で画像表示部を作ります。
また、Entry( )命令で答えの入力部、Button( )命令でボタンを作ります。
それらの命令の使い方は第4章で説明しています。

≫≫≫ ゲーム制作に使う素材について

　本書では、生成AIで生成した素材を使ってゲームを制作します。次の節から生成AIでクイズゲームの素材を作る方法を説明しますが、すぐに学習を始められるように、本書で使用する素材を本書サポートページで提供しています。ダウンロード方法は、P.8でご確認いただけます。

　ただし筆者は、読者のみなさんが、ご自身で素材を生成することをお勧めいたします。あるいは、いったんはサポートページの素材を使って学び、次に生成AIを用いて独自の素材を用意し、それをゲームに組み込んでバージョンアップする方法をお勧めします。

　仕事や学習において生成AIを使いこなすことが必要とされる時代が、そこまで来ていると筆者は感じています。みなさんにその準備をしていただくことが、本書を執筆した理由の1つです。

　本書を通じて、生成AIを上手に利用するスキルを身につけていただくことを願っています。

Lesson 5-2　生成AIでクイズの問題と答えを作ろう

生成AIを使って、クイズの問題と答えを用意します。この節ではその方法を説明します。

≫≫≫ クイズのジャンルを決めよう

　まず、どのジャンルのクイズを作るかを、読者のみなさんが自分で決めましょう。好きなジャンルを選べば、学習意欲が高まることでしょう。しかしそれだけが理由ではありません。生成AIが作る文章には誤りが含まれることがありますが、自分の好きなジャンルを選べば誤りに気付きやすくなります。

　ジャンルにとらわれず、さまざまな分野のクイズを用意してもかまいません。その場合は、生成AIの出力した内容が正しいかを、より一層、確認するように心がけましょう。

≫≫≫ 生成AIでクイズを作る流れ

　ChatGPTなどの文章生成AIを利用して、クイズの問題と答えを用意する流れをお伝えします。

①　生成AIにクイズの問題と答えを作ることを伝える。

↓

②　具体的なジャンルと問題数などを伝える。

↓

③　問題と答えに誤りがないかを、自分で調べて確認する。

↓

④　ゲーム画面に表示できる文字数には限りがあるので、文章の整形を自分で行う。

≫≫≫ 問題と答えを作ってみよう

　ここでは、有名なゲームに関するクイズを用意することにします。筆者がChatGPTを用いて問題と答えを生成した過程を掲載します。

❶ はじめに、これから行う作業を伝えました。

> **筆者が入力した内容**
>
> クイズゲーム用の問題と答えを作ろうと思います。手伝ってくれますか。

> **ChatGPTの返答**
>
> もちろん、クイズゲーム用の問題と答えを作成するのを手伝います。どのカテゴリーの問題を作成したいですか？　何か特定のトピックや難易度の要件がありますか？　教えていただければ、具体的な問題を作成するお手伝いができます。

❷ 次に、ジャンルとクイズの数（問題数）を伝えました。

> **筆者が入力した内容**
>
> 日本のゲームメーカーが開発した人気のある有名なゲームソフトに関する問題を5問用意したいです。

> **ChatGPTの返答**
>
> 理解しました。以下は、日本のゲームメーカーが開発した有名なゲームソフトに関する5つのクイズ問題と答えです。これらの問題は、ゲーム愛好者にとって興味深いかもしれません。
>
> 1.問題："スーパーマリオブラザーズ" シリーズを開発したゲームメーカーは何ですか？
>   答え：任天堂
> 2.問題："ファイナルファンタジー" シリーズの最初のゲームは何年にリリースされましたか？
>   答え：1987年
> 3.問題："ポケモン" シリーズの最初のゲームはどのハンドヘルドゲーム機でリリースされましたか？
>   答え：ゲームボーイ
> 4.問題："ゼルダの伝説" シリーズの主人公の名前は何ですか？
>   答え：リンク
> 5.問題："ドラゴンクエスト" シリーズを開発したゲームメーカーは何ですか？
>   答え：スクウェア・エニックス
>
> これらの問題を使用して、ゲーム愛好者に楽しいクイズ体験を提供できるでしょう。

❸ 筆者は、ChatGPT が出力したこれらのうち、2 はユーザーの年齢層に左右される問題（具体的には若い方の多くは答えを知らない）と思ったので、次のように入力しました。

> **筆者が入力した内容**
> 問題 2 を別の問題に変えてもらえますか。

> **ChatGPT の返答**
> もちろん、新しい問題を提供します。
>
> 新しい問題 2: "スーパーマリオシリーズ" の最初のゲームは何としてリリースされましたか？
> 答え : "スーパーマリオブラザーズ"

❹ 違う問題が出力されましたが、スーパーマリオブラザーズの問題が 2 つになってしまいます。そこで、次のように入力しました。

> **筆者が入力した内容**
> スーパーマリオシリーズ以外で、日本の有名なゲームの問題を、あと 3 問作ってください。

> **ChatGPT の返答**
> もちろん、他の有名な日本のゲームに関する問題を追加しましょう。
>
> 新しい問題 3: "ストリートファイター" シリーズの主要なキャラクターで、拳を使った戦闘スタイルで知られるのは誰ですか？
> 答え : リュウ
>
> 新しい問題 4: "モンスターハンター" シリーズのゲームでは、プレイヤーは何を狩猟し、素材を集める役割を果たしますか？
> 答え : モンスター（魔物や巨大生物）
>
> 新しい問題 5: "メタルギアソリッド" シリーズの主要なキャラクターで、ソリッド・スネークの双子の兄弟は誰ですか？
> 答え : リキッド・スネーク
>
> これで、さまざまな日本のゲームに関するクイズゲームの問題を 5 つ持っていることになります。楽しんでプレイしてください！

　この中でモンスターハンターの問題を使うことにしました。最初に生成した 4 問と合わせて、5 問のクイズを作ることができました。

なお、新しく生成した問題3は、ストリートファイターのキャラクターたちは基本的にパンチとキックで戦うので、答えは必ずしもリュウにはならないでしょう。

また問題5は、筆者はメタルギアシリーズの初期の作品を知る程度で、そのゲームに詳しくないために除外しました。

>>> 誤りがないかを確認しよう

生成AIを利用する際に重要なのは、出力された文章に誤りがないかを確認することです。今回の問題に採用したゲームは、筆者にとって馴染みのあるものばかりで、内容に誤りがないとすぐにわかりました。

しかし仕事や学習において、自らの知識にない分野の情報や文章を扱うことがあります。生成AIが生成する文章が全て正しいとは限らないので、AIが出力した文章を使用するときに曖昧な部分があれば、ネット検索や書籍で調べる、またはその分野に詳しい人に尋ねるなどして、情報の正確性を確かめることが大切です。

>>> 文章を編集しよう

生成した問題と答えをプログラムに組む込む前に、テキストファイルに書き出しました。そして、問題の文字数を短くしたり、口調を整えました。また、番号で答えを選ぶと回答しやすいものは、そのように変更しました。筆者が編集した内容は次の通りです。

表5-2-1　編集した問題と答え

番号	問題	答え
1	「スーパーマリオブラザーズ」シリーズを開発したゲームメーカーはどこ？	任天堂
2	「ポケモン」シリーズの最初のゲームは、どの携帯型ゲーム機でリリースされた？	ゲームボーイ
3	「ゼルダの伝説」シリーズの主人公の名前は？	リンク
4	「ドラゴンクエスト」シリーズを出しているメーカーは？ 半角数字で答えてください。　1.任天堂　2.バンダイナムコ　3.スクウェア・エニックス　4.セガ	3
5	「モンスターハンター」シリーズでプレイヤーは何を狩猟する？ 半角数字で答えてください。　1.ゴースト　2.モンスター　3.ゾンビ　4.盗賊	2

クイズの問題の文字数は短いほうが好ましいです。また、答えを複数の項目から選んだり、「○○○に入る言葉は？」などの問題にするとわかりやすいものがあれば、適宜、修正して、ユーザーが遊びやすい内容にしましょう。

Lesson 5-3 生成AIで画像を作ろう

クイズゲームの背景と、クイズを出題するキャラクターを画像生成AIで作ります。この節ではその方法を説明します。

ゲームで用いる画像について

　ゲームメーカーが発売、配信するゲームは、背景とキャラクターが別々のデータになっています。しかし、この章で作るクイズゲームは、プログラミングの作業を簡略化して学びやすくするために、背景とキャラクターが表示された1枚絵を用いることにします。その絵を画像生成AIで生成します。

　背景とキャラクターを別々に用意し、必要に応じてキャラクターを表示する方法は、第8章のビジュアルノベルの制作で説明します。

画像生成AIで画像を作ろう

　Edgeに搭載されているImage Creatorに入力したプロンプトと、生成された画像の例を3つ掲載します。

　ここではクイズゲームの画像として相応しいイメージになるように、書店や図書館というキーワードを用いましたが、どのような画像を生成するかは個人の自由です。好みの画像となるようにプロンプト（キーワード）を調整して、画像を生成しましょう。

　Image Creatorの使い方は第1章で説明しています。

図5-3-1　画像の生成例1

入力したプロンプトと生成された画像

書店、若い男性店員、眼鏡、笑顔、アニメ風のタッチ

図5-3-2 画像の生成例2

入力したプロンプトと生成された画像
図書館、長い黒髪の若い女性の図書館員、漫画風

図5-3-3 画像の生成例3

入力したプロンプトと生成された画像
ファンタジー世界の図書館、知的な猫の図書館員、カウンター、アニメ風

》》》 生成した画像を使うときの注意事項

　本書ではPythonのtkinterモジュールを用いてゲームを作ります。tkinterで扱えるのはPNGやGIF形式の画像です。Image Creatorで生成した画像はJPEG形式（あるいはJFIF形式）になるので、ペイントツールを使ってPNG形式の画像に変換しましょう。画像の加工方法は第1章で説明しています。

　Image Creatorで生成した画像は1024×1024ピクセルの大きさになります。この章で作るクイズゲームのウィンドウは、幅1024ピクセル、高さ680ピクセルとします。そのため1024×1024ピクセルの画像では、上下の部分がウィンドウからはみ出します。はみ出した部分は表示されないだけで、エラーは発生しないので、ファイル形式だけを変え、1024×1024ピクセルのまま使用してかまいません。

　あるいはウィンドウの大きさに合わせて適切な位置で画像を切り出し、1024×680サイズで保存しても、もちろんOKです。

　ファイル形式を変換して保存する際、quiz_bg.pngというファイル名にしましょう。画像は、次の節から入力するプログラムを保存するフォルダ内に、「image」という名称のフォルダを作り、その中に入れてください。

図5-3-4　画像を作業フォルダに配置

　画像を適切な位置に配置しないと、プログラムで読み込めないので注意しましょう。

> 本書で用いる全ての素材を本書のサポートページで配布しています。それを使って学習を進めることができます。ダウンロードの方法は、P.8で説明しています。

画面構成をプログラミングしよう

クイズゲームのプログラミングに入ります。ここではウィンドウを作り、画像を表示するキャンバス（Canvas）、答えを入力するエントリー（Entry）、ゲームを進めるためのボタン（Button）を配置します。

≫≫ tkinter を使おう

第4章でtkinterモジュールを使ってウィンドウを作り、そこにキャンバスやボタンなどのGUIの部品を配置する方法を学びました。この章で作るゲームは5-1節で決めた仕様の通り、キャンバスに画像と問題文を表示し、エントリーに答えを入力し、ボタンを押して正誤判定を行います。

ここではウィンドウを作り、各部品（ウィジェット）を配置するところまでプログラミングを進めます。画像を読み込んでキャンバスに表示する処理も合わせて組み込みます。

≫≫ キャンバスとボタンを配置するプログラム

プログラムのファイル名は第5章の第1段階目の組み込みということでstep5_1.pyとします。次節以降もstep5_*.pyというファイル名で、順に処理を組み込んでいきます。

次のプログラムを入力して、動作を確認しましょう。

コード ▶ Chapter5 ➡ step5_1.py ⬇

```
01  import tkinter                                          tkinterをインポート
02  root = tkinter.Tk()                                     ウィンドウを作る
03  root.title("クイズゲーム")                               タイトルを指定
04  root.resizable(False, False)                            ウィンドウサイズを変更不可に
05  cvs = tkinter.Canvas(width=1024, height=680)            キャンバスを作る
06  bg = tkinter.PhotoImage(file="image/quiz_bg.png")       変数に画像を読み込む
07  cvs.create_image(512, 440, image=bg)                    キャンバスに画像を表示
08  cvs.pack()                                              キャンバスを配置
09  ent = tkinter.Entry()                                   エントリーを作る
10  ent.place(x=300, y=620, width=200, height=30)           座標指定してエントリーを配置
11  but = tkinter.Button(text="OK")                         ボタンを作る
12  but.place(x=600, y=620, width=80, height=30)            座標指定してボタンを配置
13  root.mainloop()                                         ウィンドウの処理を開始
```

※7行目のcreate_image()の引数の座標を440としているのは、生成AIで作った画像の人物の顔全体がウィンドウに入るようにするためです。自分で用意した画像を使うときは、座標の指定値を、適宜、調整しましょう。

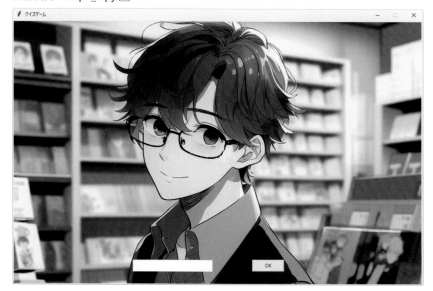

実行画面 ▶ step5_1.py 📥

　ウィンドウ、キャンバス、エントリー、ボタンの作り方は第4章で学んだ通りですが、ここで簡単に復習します。

　tkinterモジュールを用いて各部品を作るので、1行目でtkinterをインポートしています。

　2行目のtkinter.Tk( ) がウィンドウを作る命令です。ウィンドウの変数名をrootとしています。

　5行目のCanvas( ) がキャンバスを作る命令で、引数で幅と高さのピクセル数を指定します。

　6行目のPhotoImage( ) 命令で変数に画像を読み込み、7行目のcreate_image( ) で画像をキャンバスに表示しています。create_image( ) の座標の引数は画像の中心座標になります。

　9行目のEntry( ) が1行のテキスト入力であるエントリーを作る命令、11行目のButton( ) がボタンを作る命令です。

　キャンバスはpack( ) でウィンドウ全体に配置しています。エントリーとボタンは座標を指定するplace( ) で配置しています。その際、引数のwidth=で部品の幅を、height=で部品の高さを指定しています。

⟫⟫⟫ resizable( ) について

　4行目のroot.resizable(False, False) でウィンドウの大きさを変更できなくしています。この命令は1つ目の引数で横方向のサイズ変更を許可するか、2つ目の引数で縦方向のサイズ変更を許可するかを指定します。許可するならTrue、しないならFalseとします。

　ゲームソフトはウィンドウサイズを変更すると遊びにくくなることがあるので、それを防ぐために画面の大きさを固定します。

影の付いた文字列を表示する関数を作ろう

この章で作るクイズゲームは、画像の上に問題文を表示します。画像の絵柄や文字の色によっては、文章が判読しにくくなることがあります。
そうならないように、影を付けた文字列を表示する関数を定義して、文章を視認しやすくします。

>>> 関数の定義について

第3章の3-5節で学んだ関数定義について簡単に復習します。

一定分量の処理のまとまりを定義したものが関数です。例えばプログラムの複数個所で同じ処理を行うとき、その処理を関数として定義すれば、あちこちに同じ処理を記述しなくて済みます。関数を定義することで、プログラムがすっきりして判読しやすくなります。

また、1回だけ行う処理でも、処理に長い行数が必要なら、それを関数として定義すれば、わかりやすいプログラムになります。

プログラミングの関数は、ある機能を持つ部品や小さな機械に例えられます。関数定義に苦手意識を持つ方は、この節で作る関数は「影付き文字を表示する機能を持つ部品」と捉えると、理解しやすくなるでしょう。

>>> 文字列に影を付ける方法

黒い色で文字列を表示し、少しずらした位置に別の色の文字列を重ねることで、影の付いた文字列になります。

図5-5-1　影付き文字の描き方

文字列　黒で文字列を描く。

文字列　その文字列の少し左上に
　　　　　別の色で文字列を描く。

文字に影を付けると情報を視認しやすくなる以外に、画面の見栄えが向上する利点があります。

>>> 影付き文字を表示する関数を定義したプログラム

影付き文字を表示する関数を定義します。前のプログラムにマーカー部分を追記して動作を確認しましょう。

コード▶Chapter5➡step5_2.py ⬇ ※前のプログラムからの追加・変更箇所にマーカーを引いています

```
01  import tkinter                                                    tkinterをインポート
02
03  def message(x, y, t):  # 影付き文字を表示する関数                  ┐影付き文字を表示する関数
04      F = ("Times New Roman", 24, "bold")                          │フォントを定義
05      cvs.create_text(x+1, y+1, text=t, font=F, fill="black")      │文字列を黒で表示
06      cvs.create_text(x,   y,   text=t, font=F, fill="white")      ┘文字列を白で表示
07
08  root = tkinter.Tk()                                              ウィンドウを作る
09  root.title("クイズゲーム")                                        タイトルを指定
10  root.resizable(False, False)                                     ウィンドウサイズ変更不可
11  cvs = tkinter.Canvas(width=1024, height=680)                     キャンバスを作る
12  bg = tkinter.PhotoImage(file="image/quiz_bg.png")               変数に画像を読み込む
13  cvs.create_image(512, 440, image=bg)                            キャンバスに画像を表示
14  cvs.pack()                                                       キャンバスを配置
15  ent = tkinter.Entry()                                           エントリーを作る
16  ent.place(x=300, y=620, width=200, height=30)                   座標指定しエントリーを配置
17  but = tkinter.Button(text="OK")                                 ボタンを作る
18  but.place(x=600, y=620, width=80, height=30)                    座標指定しボタンを配置
19  message(512, 520, "クイズを始めます。")                          ゲーム説明を表示
20  root.mainloop()                                                 ウィンドウの処理を開始
```

実行画面▶step5_2.py ⬇

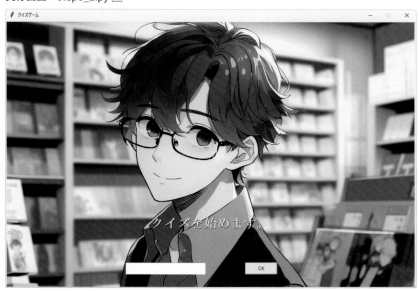

　影を付けた文字列を表示するmessage( )という関数を定義しました。それを抜き出して確認します。

```
03   def message(x, y, t): # 影付き文字を表示する関数
04       F = ("Times New Roman", 24, "bold")
05       cvs.create_text(x+1, y+1, text=t, font=F, fill="black")
06       cvs.create_text(x,    y,   text=t, font=F, fill="white")
```

　この関数は、文字列を表示するx座標、y座標、文字列の3つを引数で受け取ります。

　4行目でフォントの種類、大きさ、太字の指定を、Fという変数に代入しています。

　5行目で(x+1, y+1)の座標に黒い色で文字列を表示し、6行目で(x, y)の座標に白い色で文字列を表示しています。色の違う文字列を斜めにずらして重ねることで、影の付いた文字列を表現しています。

　この関数を19行目で呼び出し、ゲームの説明を表示しています。定義した関数を働かせるには、プログラムの必要な個所で関数を呼び出します。

Lesson 5-6 ボタンを押したときに反応するようにしよう

この節では、ボタンを押したときにクイズの問題文を表示し、ボタンを押すごとに次の問題に進む処理を組み込みます。

⟫⟫ ボタンを反応させるには

第4章の4-4節でtkinterのボタンの使い方を学びました。そこで説明したように、ボタンを作るButton( )に「command=関数」という引数を記述すると、ボタンをクリックしたときに、指定の関数が呼び出されるようになります。この節ではその仕組みを使って、ボタンを押すと問題文が切り替わる処理を組み込みます。

⟫⟫ 配列で問題文を定義しよう

問題文を配列で定義します。ここでは次のような仮の文章としておき、5-8節でゲームを完成させるときに本番用の問題文に差し替えます。

```
QUIZ = [
"問題A",
"問題B",
"問題C",
"問題D",
"問題E"
]
```

このように記述すると、QUIZ[0]に問題A、QUIZ[1]に問題B、QUIZ[2]に問題C、QUIZ[3]に問題D、QUIZ[4]に問題Eが代入されます。配列の添え字は、0から始まることに注意しましょう。

⟫⟫ ボタンで問題文を切り替える方法

ボタンを押すたびに次の問題を表示する方法を説明します。

表示する問題の番号を代入する変数を用意します。ここでは、その変数名をquiz_noとします。quiz_noに初期値0を代入します。

ボタンが押されたら、QUIZ[quiz_no]の文章を画面に表示します。quiz_noは0なので、QUIZ[0]の問題が表示されます。問題文を表示したらquiz_noの値を1増やします。

次にボタンが押されたときにQUIZ[quiz_no]の文章を画面に表示すると、quiz_noは1なので、QUIZ[1]の問題が表示されます。このときも、quiz_noを1増やします。

再度、ボタンを押すとQUIZ[2]の問題が表示されます。このようにQUIZ[quiz_no]を表示し、quiz_noの値を1増やすことで、問題が順に表示されます。

存在しない配列を扱わないこと

　　この処理において注意すべきことがあります。今回は問題数を5問としたので、QUIZ[0]、QUIZ[1]、QUIZ[2]、QUIZ[3]、QUIZ[4]の5つの要素（データを入れる箱）があります。

　　quiz_noが5になったときにQUIZ[5]を表示しようとすると、その要素は存在しないのでエラーが発生します。存在しない要素を扱わないためにはif文を用います。どう記述するかは、この後で説明します。

ボタンを押すと問題が切り替わるプログラム

　　ボタンを押すたびに次の問題を表示するプログラムを確認します。前のプログラムにマーカー部分を追記して動作を確認しましょう。

　　タグを使って文字列を表示し直す仕組みをmessage( )関数に追加しています。タグはキャンバスに描いたものを識別するためのもので、動作確認後に説明します。

コード ▶ Chapter5➡step5_3.py ⬇ ※前のプログラムからの追加・変更箇所にマーカーを引いています

```
01  import tkinter                                               tkinterをインポート
02
03  def message(x, y, t): # 影付き文字を表示する関数              ┌影付き文字を表示する関数
04      F = ("Times New Roman", 24, "bold")                      │フォントを定義
05      cvs.delete("MSG")                                        │以前の文字列を消す
06      cvs.create_text(x+1, y+1, text=t, font=F, fill="black", tag="MSG")   │文字列を黒で表示
07      cvs.create_text(x,   y,   text=t, font=F, fill="white", tag="MSG")   └文字列を白で表示
08
09  def button(): # ボタンを押した時の処理                        ┌ボタンを押すと働く関数
10      global quiz_no                                           │変数のグローバル宣言
11      if quiz_no==5: return                                    │5問答えたら処理を抜ける
12      message(512, 520, "第"+str(quiz_no+1)+"問¥n"+QUIZ[quiz_no])   │n問目の問題文を表示
13      quiz_no = quiz_no + 1                                    └quiz_noを1増やす
14
15  root = tkinter.Tk()                                          ウィンドウを作る
16  root.title("クイズゲーム")                                   タイトルを指定
17  root.resizable(False, False)                                 ウィンドウサイズ変更不可
18  cvs = tkinter.Canvas(width=1024, height=680)                 キャンバスを作る
19  bg = tkinter.PhotoImage(file="image/quiz_bg.png")            変数に画像を読み込む
20  cvs.create_image(512, 440, image=bg)                         キャンバスに画像を表示
21  cvs.pack()                                                   キャンバスを配置
22  ent = tkinter.Entry()                                        エントリーを作る
23  ent.place(x=300, y=620, width=200, height=30)                座標指定しエントリーを配置
24  but = tkinter.Button(text="OK", command=button)              ボタンを作る
25  but.place(x=600, y=620, width=80, height=30)                 座標指定しボタンを配置
26  message(512, 520, "クイズを始めます。")                      ゲーム説明を表示
27  quiz_no = 0                                                  quiz_noに初期値を代入
28  QUIZ = [                                                     ┌配列で問題を定義
29  "問題A",                                                     │
30  "問題B",                                                     │
31  "問題C",                                                     │
32  "問題D",                                                     │
33  "問題E"                                                      │
34  ]                                                            └
35  root.mainloop()                                              ウィンドウの処理を開始
```

実行画面 ▶ step5_3.py

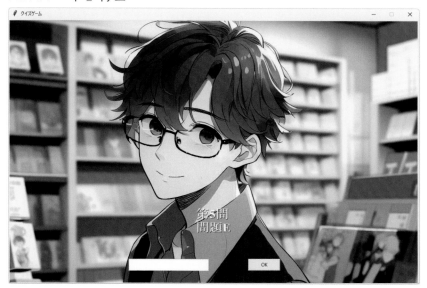

27行目で宣言したquiz_noが問題の番号を代入する変数です。

28〜34行目に仮の問題文のデータを定義しました。ゲームを完成させるときに本番用の文章に差し替えます。

》》》 ボタンを押した時に呼び出す関数

9〜13行目にボタンを押したときに呼び出す関数を定義しました。それを抜き出して確認します。

```
09  def button():  # ボタンを押した時の処理
10      global quiz_no
11      if quiz_no==5: return
12      message(512, 520, "第"+str(quiz_no+1)+"問\n"+QUIZ[quiz_no])
13      quiz_no = quiz_no + 1
```

関数の外で宣言したグローバル変数であるquiz_noの値を関数内で変更します。**Pythonには関数内でグローバル変数の値を変更する場合、その関数の冒頭でglobal グローバル変数名 という宣言を行う決まりがあります。**10行目がその記述です。

11行目はquiz_noが5になったとき、存在しない要素を扱わないためのif文です。quiz_noが5になったら、それ以降はボタンを押してもreturnで関数を抜け、12行目以降に処理が進まないようにしています。**戻り値を記さないreturnは、関数の処理を打ち切るために用います。**

12行目で影付き文字を表示するmessage( )を呼び出し、問題文を表示しています。ここに記した " 第 "+str(quiz_no+1)+" 問 ¥n"+QUIZ[quiz_no] にある **str( )** は、数を文字列に変換する命令です。

Pythonでは数と文字列を + でつなぐことはできません。そこでstr( )を使い、問題の番号を文字列に変換しています。具体的には、「第」、quiz_no+1を文字列に変換したもの、「問¥n」、問題文、合わせて4つの文字列を + でつなぎ、それをmessage( )の引数としています。

¥n は改行コードで、print( )やcreate_text( )などで出力する文字列に¥nがあると、その位置で改行されます。このプログラムでは「第n問」と問題文の間で改行して表示しています。

》》》 タグについて

message( )関数に、以前の文字列を消し、新しい文字列を表示する仕組みを追加しました。この仕組みをタグという機能を用いて実現しています。

タグ（tag）はtkinterのキャンバスに描く文字列や画像などに付ける識別用の文字列です。タグを使うには、create_text( )やcreate_image( )などの引数に **tag**=タグ名と記述します。

このプログラムでは、create_text( )の引数に、次のようにMSGというタグを加えています。

```
cvs.create_text(x+1, y+1, text=t, font=F, fill="black", tag="MSG")
cvs.create_text(x,   y,   text=t, font=F, fill="white", tag="MSG")
```

また、cvs.delete(**"MSG"**)でタグの付いた文字列を消しています。キャンバスに対して用いる **delete( )** は、引数のタグ名の付いた文字列や画像を削除する命令です。

タグを上手に使うと、キャンバス全体を描き直さなくて済みます。例えば複数の文字列や画像を表示した後、その中の一部だけを変更したい場合、タグを用いて描き直すことができます。

補足として、ここではdelete( )の引数にタグを指定しましたが、全ての意味のallを引数にしてcvs.delete(**"all"**)とすると、キャンバスに描いたものが全て消えます。

Lesson 5-7　ボタンを押したときにエントリーの文字列を取得しよう

このゲームはエントリー（1行のテキスト入力部）に答えを入力し、ボタンを押して正誤を判定します。この節ではボタンを押したときにエントリーの文字列を取得して、メッセージボックスで表示する機能を追加します。

》》》 メッセージボックスを使ってみよう

メッセージボックスはコンピューターの画面に出る小さなメッセージ表示部です。これをダイアログやダイアログボックスと呼ぶこともあります。

図5-7-1　メッセージボックスの例

メッセージボックスを使うには**tkinter.messagebox**モジュールをインポートします。
tkinter.messagebox に備わる次の命令で、各種のメッセージボックスを表示できます。

表5-7-1　メッセージボックスを表示する命令

命令	どのようなメッセージボックスか
showinfo( )	情報を表示する
showwarning( )	警告を表示する
showerror( )	エラーを表示する
askyesno( )	「はい」「いいえ」のボタンがある
askokcancel( )	「OK」「キャンセル」のボタンがある

これらの命令には、メッセージボックスに表示するタイトルと文章の2つの引数を与えます。

ボタンが2つあるメッセージボックスは、「はい(Yes)」や「OK」をクリックするとTrueが戻り、「いいえ(No)」や「キャンセル」をクリックするとFalseが戻ります。

変数=tkinter.messagebox.askyesno(タイトル,メッセージ)と記述すると、メッセージボックスからの戻り値を変数に代入できます。

››› エントリーの文字列をメッセージボックスで表示する プログラム

　ボタンを押すとエントリーの文字列を取得し、それをメッセージボックスで表示するプログラムを確認します。ここで追加した処理はメッセージボックスの動作を確認するもので、次の節でゲームを完成させるときに、メッセージボックスで正解や不正解のメッセージを出します。

コード ▶ Chapter5 ➡ step5_4.py ⬇ ※前のプログラムからの追加・変更箇所にマーカーを引いています

```
01  import tkinter                                                        tkinterをインポート
02  import tkinter.messagebox                                             messageboxをインポート
03
04  def message(x, y, t): # 影付き文字を表示する関数                        ┬影付き文字を表示する関数
05      F = ("Times New Roman", 24, "bold")                               │フォントを定義
06      cvs.delete("MSG")                                                 │以前の文字列を消す
07      cvs.create_text(x+1, y+1, text=t, font=F, fill="black", tag="MSG") │文字列を黒で表示
08      cvs.create_text(x,   y,   text=t, font=F, fill="white", tag="MSG") │文字列を白で表示
09                                                                        ┘
10  def button(): # ボタンを押した時の処理                                 ┬ボタンを押すと働く関数
11      global quiz_no                                                    │変数のグローバル宣言
12      if quiz_no==5: return                                             │5問答えたら処理を抜ける
13      ans = ent.get()                                                   │エントリーの文字列を取得
14      if ans=="":                                                       │何も入力していないなら
15          tkinter.messagebox.showinfo("", "答えを入力してください。")      │答えの入力を促す
16          return                                                        │ここで処理を抜ける
17      tkinter.messagebox.showinfo("", ans)                              │動作の確認でansを表示
18      message(512, 520, "第"+str(quiz_no+1)+"問¥n"+QUIZ[quiz_no])         │n問目の問題文を表示
19      quiz_no = quiz_no + 1                                             ┘quiz_noを1増やす
20
21  root = tkinter.Tk()                                                   ウィンドウを作る
:   :                                                                     :
```

：以下は前のプログラムの通りなので省略します

実行画面▶step5_4.py ⬇

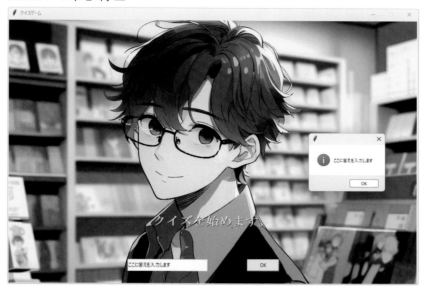

メッセージボックスを使うために2行目でtkinter.messageboxをインポートしています。tkinterとtkinter.messageboxは別のモジュールで、メッセージボックスを使うには**tkinter.messageboxをインポートする**必要があります。

13行目の**get( )**でエントリーに入力した文字列を取得し、変数ansに代入しています。この命令はエントリーの部品に対して用います。

エントリーに文字列が記入されていないと、ansの値は空になります。その判定を14〜16行目のif文で行っています。ansが空ならメッセージボックスで「**答えを入力してください。**」と表示し（**図5-7-2**）、そこで関数を抜けています。

図5-7-2 エントリーに未入力のときのメッセージ

エントリーに文字列が入力されていれば、それを17行目でメッセージボックスを使って表示しています。

正誤判定と点数計算を入れて完成させよう

最後に正解か不正解かを判定する条件分岐と、点数計算を組み込んで、クイズゲームを完成させます。

》》》 本番用の問題文に差し替え、配列で答えを定義しよう

問題を次の本番用の文章に差し替えます。¥nは改行コードで、その位置で文章が改行されます。

```
QUIZ = [
"「スーパーマリオブラザーズ」シリーズを¥n開発したゲームメーカーはどこ？ ",
"「ポケモン」シリーズの最初のゲームは¥nどの携帯型ゲーム機でリリースされた？ ",
"「ゼルダの伝説」シリーズの¥n主人公の名前は？ ",
"「ドラゴンクエスト」シリーズを出している¥nメーカーは？ 半角数字で答えてください。¥n1.任天堂　2.バンダイナムコ¥n3.スクウェア・エニックス　4.セガ",
"「モンスターハンター」シリーズで¥nプレイヤーは何を狩猟する？ ¥n半角数字で答えてください。¥n1.ゴースト　2.モンスター　3.ゾンビ　4.盗賊"
]
```

答えをANSという配列で定義し、正解、不正解の判定に用います。

```
ANS = [
"任天堂",
"ゲームボーイ",
"リンク",
"3",
"2"
]
```

》》》 正解数を数える変数を用意しよう

scoreという変数を用意し、入力した答えが合っていたら正解数（スコア）を数えます。そして、ゲーム終了時にメッセージボックスでスコアを表示します。

》》》 遊びやすい工夫をしよう

ゲームなどのソフトウェアには扱いやすい工夫を設けることが大切です。このクイズゲー

ムではプログラムを起動したとき、何をすればよいのかがわかりやすいように、次のメッセージを表示します。

「クイズを始めます。¥n答えは全角文字で入力します。¥n選択問題は半角数字で答えます。¥nOKボタンを押してください。」

》》》 完成したクイズゲームのプログラム

完成したクイズゲームを確認します。前のプログラムにマーカー部分を追記して動作を確認しましょう。完成したプログラムのファイル名は、quiz_game.pyとしています。

コード▶Chapter5➡quiz_game.py 🔽　※前のプログラムからの追加・変更箇所にマーカーを引いています

```python
01  import tkinter                                                    # tkinterをインポート
02  import tkinter.messagebox                                         # messageboxをインポート
03
04  def message(x, y, t): # 影付き文字を表示する関数                      # ┬影付き文字を表示する関数
05      F = ("Times New Roman", 24, "bold")                           # │フォントを定義
06      cvs.delete("MSG")                                             # │以前の文字列を消す
07      cvs.create_text(x+1, y+1, text=t, font=F, fill="black",       # │文字列を黒で表示
    tag="MSG")                                                        # │
08      cvs.create_text(x,   y,   text=t, font=F, fill="white",       # │文字列を白で表示
    tag="MSG")                                                        # ┘
09
10  def button(): # ボタンを押した時の処理                              # ┬ボタンを押すと働く関数
11      global quiz_no, score                                         # │変数のグローバル宣言
12      if quiz_no==5: return                                         # │5問答えたら処理を抜ける
13      if quiz_no==-1:                                               # │初めてボタンを押した時
14          quiz_no = 0                                               # │quiz_noを0にする
15          message(512, 520, "第"+str(quiz_no+1)+"問                 # │1問目の問題文を表示
    ¥n"+QUIZ[quiz_no])                                                # │
16          return                                                   # │ここで処理を抜ける
17      ans = ent.get()                                               # │エントリーの文字列を取得
18      if ans=="":                                                   # │何も入力していないなら
19          tkinter.messagebox.showinfo("", "答えを入力してください。")  # │答えの入力を促す
20          return                                                   # │ここで処理を抜ける
21      if ans==ANS[quiz_no]:                                         # │入力した答えが正解なら
22          tkinter.messagebox.showinfo("", "正解です。")             # │正解ですと表示
23          score = score + 1                                         # │スコアを増やす
24      else:                                                         # │そうでない(不正解)なら
25          tkinter.messagebox.showinfo("", "違います。答えは          # │正しい答えを表示
    "+ANS[quiz_no])                                                   # │
26      quiz_no = quiz_no + 1                                         # │quiz_noを1増やす
27      if quiz_no==5:                                                # │5問答えたら
28          message(512, 520, "お疲れさまでした。")                    # │このメッセージを表示
29          tkinter.messagebox.showinfo("ゲーム終了", str(score)+"    # │スコアを表示
    問、正解しました。")                                                # │
30          return                                                   # │ここで処理を抜ける
31      ent.delete(0, tkinter.END)                                    # │エントリーの文字列を削除
32      message(512, 520, "第"+str(quiz_no+1)+"問¥n"+QUIZ[quiz_       # │n問目の問題文を表示
    no])                                                              # ┘
33
34  root = tkinter.Tk()                                               # ウィンドウを作る
35  root.title("クイズゲーム")                                         # タイトルを指定
36  root.resizable(False, False)                                      # ウィンドウサイズ変更不可
37  cvs = tkinter.Canvas(width=1024, height=680)                      # キャンバスを作る
38  bg = tkinter.PhotoImage(file="image/quiz_bg.png")                 # 変数に画像を読み込む
```

```
39  cvs.create_image(512, 440, image=bg)                           キャンバスに画像を表示
40  cvs.pack()                                                      キャンバスを配置
41  ent = tkinter.Entry()                                           エントリーを作る
42  ent.place(x=300, y=620, width=200, height=30)                   座標指定しエントリーを配置
43  but = tkinter.Button(text="OK", command=button)                ボタンを作る
44  but.place(x=600, y=620, width=80, height=30)                    座標指定しボタンを配置
45  message(512, 520, "クイズを始めます。¥n答えは全角文字で入力します。¥n  ゲーム説明を表示
    選択問題は半角数字で答えます。¥nOKボタンを押してください。")
46  quiz_no = -1                                                    quiz_noに初期値を代入
47  score = 0                                                       スコア(正解)を数える変数
48  QUIZ = [                                                        ┐配列で問題を定義
49  "「スーパーマリオブラザーズ」シリーズを¥n開発したゲームメーカーはどこ？ ",      │
50  "「ポケモン」シリーズの最初のゲームは¥nどの携帯型ゲーム機でリリースされた？ ",     │
51  "「ゼルダの伝説」シリーズの¥n主人公の名前は？ ",                            │
52  "「ドラゴンクエスト」シリーズを出している¥nメーカーは？ 半角数字で答えてく     │
    ださい。¥n1.任天堂  2.バンダイナムコ¥n3.スクウェア・エニックス  4.セガ",       │
53  "「モンスターハンター」シリーズで¥nプレイヤーは何を狩猟する？ ¥n半角数字     │
    で答えてください。¥n1.ゴースト  2.モンスター  3.ゾンビ  4.盗賊"               │
54  ]                                                               ┘
55  ANS = [                                                         ┐配列で答えを定義
56  "任天堂",                                                         │
57  "ゲームボーイ",                                                    │
58  "リンク",                                                         │
59  "3",                                                            │
60  "2"                                                             │
61  ]                                                               ┘
62  root.mainloop()                                                 ウィンドウの処理を開始
```

※button()関数の冒頭のグローバル宣言にscoreを追記しました（11行目）。
※前のプログラムの17行目にあったtkinter.messagebox.showinfo("", ans)を削除しました。
※前のプログラムではmessage(512, 520, "第"+str(quiz_no+1)+"問¥n"+QUIZ[quiz_no])の後にquiz_no = quiz_no + 1を記述して
　いましたが、このプログラムでquiz_no = quiz_no + 1の記述位置を変更しました（26行目と32行目）。
※46行目でquiz_noに代入する初期値を-1に変更しました（前のプログラムでは0を代入）。

実行画面 ▶ quiz_game.py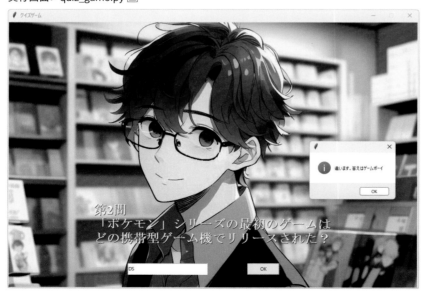

132

ボタンを押したときに呼び出すbutton( )関数に処理を追加しました。button( )関数を抜き出して確認します。

```
10  def button(): # ボタンを押した時の処理
11      global quiz_no, score
12      if quiz_no==5: return
13      if quiz_no==-1:
14          quiz_no = 0
15          message(512, 520, "第"+str(quiz_no+1)+"問¥n"+QUIZ[quiz_no])
16          return
17      ans = ent.get()
18      if ans=="":
19          tkinter.messagebox.showinfo("", "答えを入力してください。")
20          return
21      if ans==ANS[quiz_no]:
22          tkinter.messagebox.showinfo("", "正解です。")
23          score = score+1
24      else:
25          tkinter.messagebox.showinfo("", "違います。答えは"+ANS[quiz_no])
26      quiz_no = quiz_no+1
27      if quiz_no==5:
28          message(512, 520, "お疲れさまでした。")
29          tkinter.messagebox.showinfo("ゲーム終了", str(score)+"問、正解しました。")
30          return
31      ent.delete(0, tkinter.END)
32      message(512, 520, "第"+str(quiz_no+1)+"問¥n"+QUIZ[quiz_no])
```

プログラムを起動して、「OK」ボタンを押すとクイズが始まるようにするために、次のことを行っています。

- 変数quiz_noの初期値を-1とする（46行目）。
- 初めてボタンを押したとき（quiz_noが-1）、quiz_noを0にして1問目を表示し、button()関数を抜ける（13〜16行目）

次にボタンを押すと（quiz_noが0以上）、17〜25行目でエントリーの文字列を取得し、正解か否かを判定しています。答えを入力せずにボタンを押したときは、メッセージボックスで「答えを入力してください。」と表示しています。入力した答えが合っていれば「正解です。」と表示し、スコアを増やしています。また、間違ったときは「違います。答えは○○○」と正しい答えを表示しています。

26行目でquiz_noの値を1増やしています。

27〜30行目で全ての問題に答えたかを判定し、そのときは正解数を表示しています。

31行目でエントリーの文字列を削除しています。これは次の問題に進んだとき、前の答えがエントリーに残っていないようにするためです。

CUI上で動くシンプルなクイズで遊んでみよう！

　このコラムでは、筆者が記述したCUI上で動くクイズゲームのプログラムを掲載します。
第1章のChatGPTで生成したプログラムより、簡潔でわかりやすい内容にしています。

コード ▶ Chapter5 ➡ quiz_game_cui.py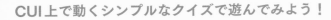

```python
01  score = 0
02  QUIZ = [
03  "「スーパーマリオブラザーズ」は¥nどの任天堂ゲーム機で初めてリリースされた？ ",
04  "「ゼルダの伝説」シリーズの主人公の名前は？ ",
05  "「ポケモン」シリーズで、最初に¥nリリースされたバージョンは？¥n(番号で答えてください)
    ¥n1.白・黒　2.赤・緑　3.金・銀　4.太陽・月",
06  "「モンスターハンター」シリーズで¥nハンターが倒すべき主な敵は？¥n(番号で答えてくださ
    い)¥n1.ゴースト　2.デビル　3.モンスター　4.盗賊",
07  "「スプラトゥーン」シリーズで¥nインクを使って戦う主人公たちは¥n「○○○リング」と呼ばれ
    る。¥n○○○に入る言葉は？ "
08  ]
09  ANS = [
10  "ファミリーコンピュータ",
11  "リンク",
12  "2",
13  "3",
14  "インク"
15  ]
16  QUIZ_MAX = len(QUIZ)
17
18  for i in range(QUIZ_MAX):
19      print("問題", i+1, "¥n", QUIZ[i])
20      ans = input("答えを入力してください")
21      if ans==ANS[i]:
22          print("正解です")
23          score+=1
24      else:
25          print("違います、答えは", ANS[i])
26
27  print("-"*50)
28  print("あなたは", QUIZ_MAX, "問中", score, "問、正解しました")
```

※27行目で、マイナスの記号を50個並べて表示しています。

実行結果

```
問題 1
 「スーパーマリオブラザーズ」は
どの任天堂ゲーム機で初めてリリースされた？
答えを入力してくださいDS
違います、答えは ファミリーコンピュータ
問題 2
 「ゼルダの伝説」シリーズの主人公の名前は？
答えを入力してくださいリンク
正解です
問題 3
 「ポケモン」シリーズで、最初に
リリースされたバージョンは？
(番号で答えてください)
1.白・黒　2.赤・緑　3.金・銀　4.太陽・月
```

```
答えを入力してください2
正解です
問題 4
「モンスターハンター」シリーズで
ハンターが倒すべき主な敵は?
(番号で答えてください)
1.ゴースト  2.デビル  3.モンスター  4.盗賊
答えを入力してください3
正解です
問題 5
「スプラトゥーン」シリーズで
インクを使って戦う主人公たちは
「〇〇〇リング」と呼ばれる。
〇〇〇に入る言葉は?
答えを入力してくださいスプラ
違います、答えは インク
-----------------------------------------------------
あなたは 5 問中 3 問、正解しました
```

　16行目のlen()は引数に一次元の配列を与えると、その配列の要素数を返す命令(関数)です。16行目でクイズの問題数をQUIZ_MAXという定数に代入しています。

　第1章のコラムにChatGPTで生成したクイズゲームのプログラムを掲載し、ノーコードに関する話をお伝えしました。AIがゲームのプログラムを作る驚くべき時代になったわけですが、現時点では生成AIが出力するものよりわかりやすいプログラムを人間が作ることができます。

　筆者は生成AIがどのレベルのゲーム・プログラムを生成できるようになるかを、今後も調査し続けながら、生成AIに負けないプログラム(簡潔でわかりやすいプログラム)を書こうと意気込んでいます。筆者は、技術書の執筆とゲーム開発やプログラミングを教えることをメインの仕事にしているので、簡潔でわかりやすいプログラムを記述することが何より求められます。

　この勝負にいつまで勝てるでしょうか。できるだけ長い間、勝ちたいと思いますが、人間の頭脳を超える**汎用人工知能**※が登場したときに負けが訪れるのではと考えています。その時代になったら、驚くべき知識を持つであろう汎用AIに新たな知識を教えてもらい、筆者自身も成長したいと思います。

※**汎用人工知能**(Artificial General Intelligence、略語はAGI)とは人間の知能を超えるAIで、開発に成功すれば、これまで人間が実現したあらゆる知的作業を行わせることができるといわれるAIです。AI研究における最終目標とされ、多くの企業や研究機関が開発に取り組んでいます。2023年秋にソフトバンクグループ代表の孫正義氏が10年以内に実現すると発言して話題になりました。

AI（人工知能）が搭載されたモノたち

　現代では、多くの機器や機械にAIが搭載されています。身近なものに家電が挙げられます。例えば、エアコンの温度や風向きの制御には初歩的なAIプログラムが使われています。掃除ロボットが障害物を避けて移動し、ゴミの多いところを重点的に掃除する機能や、炊飯器が消費者の好みに応じて炊き加減を調整する仕組みなどにAIが用いられています。

　自動車の自動ブレーキなどの安全運転をサポートするシステムや、レストランなどで活躍するようになった給仕ロボットはAIを用いられて作られています。

　コンピューターゲームの難易度をプレイヤーの力量に合わせて自動調整する仕組みは、初歩的なAIの1つです。ゲームに登場するNPC（ノン・プレイヤー・キャラクター）は、ゲームによっては、その行動がゲーム用のAIによって作られます。そのようなキャラクターは、ゲーム内で自ら考えているように振る舞います。他にはチェスや囲碁、将棋などで、プロ棋士でも勝てない高度なAIが実用化されています。

図5-C-1　AIが搭載されたモノの例

この章では生成AIを用いて、絵の一部分が異なる2枚の画像を作ります。それらの画像を並べて表示し、2つの絵の違いを探すという間違い探しゲームを制作します。

間違い探しゲームを作ろう

Chapter

ゲーム内容を考えよう

この章では、2枚の絵を見比べて違いを探すゲームを作ります。最初に制作するゲームの内容を決めます。

》》》 間違い探しゲームとは？

　　間違い探しは、わずかな違いがある2枚の絵を見比べて、違いを見つける遊びです。絵の違いが極めてわかりにくい高難易度のものから、誰もがすぐに違いに気付く易しいものまで、さまざまな間違い探しがあります。

　間違い探しは定番ゲームの1つです。新聞や雑誌に掲載される機会が多く、多くの方が遊んだ経験をお持ちでしょう。間違い探しの画像を配信するサイトもあります。

　多くの方がご存じの遊びですが、それをコンピューターで実現するには、各種の処理を組み込む必要があります。プログラミングを進めやすくするために、はじめに仕様を明確にします。

》》》 この章で作るゲームの仕様

　この章では次のような間違い探しゲームを制作します。

表6-1-1　この章で作るゲームの仕様

機能	・2枚の絵の違いをクリックして当てる。 ・クリックできる回数が決まっている。 ・その回数以内に全ての違いを見つければゲームクリアとなる。
インターフェース	・ウィンドウに2枚の絵を表示する。 ・クリックして、違いのある個所を当てる。
データ	・数か所に違いのある2枚の画像（PNG形式のファイル）。 ・間違いの位置（座標）のデータ。

図6-1-1　この章で作るゲームの画面構成

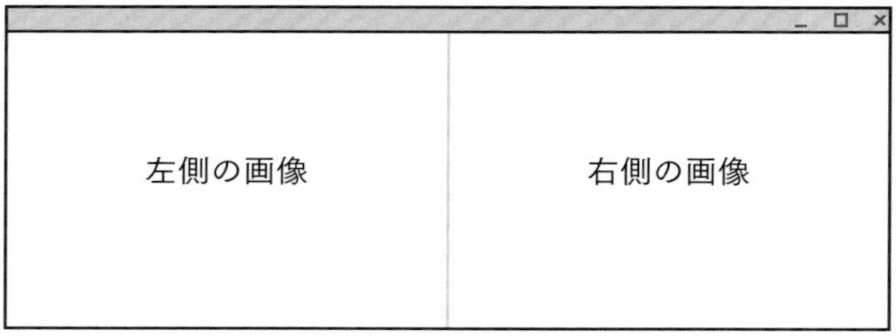

tkinterでウィンドウを作り、Canvas( )命令でキャンバスを配置します。
キャンバスに2枚の画像を並べて表示し、違いのある部分をクリックして当てます。

Lesson 6-2 違いのある2枚の絵を生成AIで作ろう

生成AIを使って、数か所に違いのある2枚の画像を作る方法を説明します。

まず好みの画像を1枚用意しよう

　画像生成AIで、お好みのイラストを1枚用意しましょう。ここでは、Image Creatorを用いて説明します。

　Image Creatorに作りたい画像のプロンプトを入力して画像を生成します。違いを設けやすい構図となるように、複数の小物を配置するとよいでしょう。

　次の図は「**3匹のジャーマンシェパードの親子、公園、ボール、花、蝶、風船、雲、山、鮮やかな色、漫画風**」というプロンプトで生成した画像の例です。手頃な画像が生成されないときはプロンプトを変えて試しましょう。

図6-2-1　Image Creatorで生成した画像

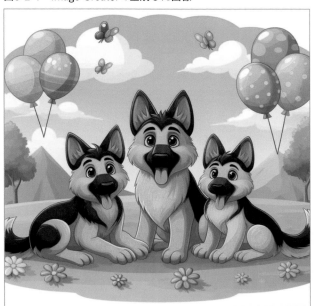

　Image Creatorを使うときは、生成された4枚から好みの画像を選び、大きな画像を表示してからダウンロードします。パソコンに保存されるのは1024×1024ピクセルのJPEG形式（あるいはJFIF形式）の画像になります。Pythonのtkinterで扱えるのはPNGやGIF形式なので、ペイントツールでPNG形式に変換しましょう。その際、画像の大きさを640×640ドットに縮小し、ファイル名を「left.png」として保存します。

保存したファイルは、この章のプログラムを保存するフォルダ内に、「image」という名称のフォルダを作り、その中に配置してください。

》》》 画像の一部を変更しよう（Playground AIを使う方法）

別の画像生成AIを使って画像の一部を変更します。ここではPlayground AIを用いる方法を説明しますが、みなさんがお使いの生成AIに同様の機能があれば、それを使っていただいてかまいません。

Playground AI の サ イ ト（https://playgroundai.com/）を開いて「Create」をクリックし、続けて「Canvas」をクリックします。

上部に並ぶアイコンの中の 🖸 をクリックして、「From Computer」を選びます。

編集元の画像ファイルを指定して、サイトにアップロードします。

図6-2-2　画像をアップロードするアイコン

アップロードしたら、🖾 のアイコンをクリックします。

生成、加工用の枠が表示されるので、枠を画像と同じ大きさにして、画像にぴったり重ねましょう。

枠の大きさはマウスで変更するか、画面右のWidthとHeightに数値を入力して変更します。

図6-2-3　枠をアップロードした画像に重ねる

次に消しゴムアイコン■を選んで、画像の一部を消します。

■をクリックして、表示されたメニューから「Object Eraser」を選びます。

図6-2-4　画像の一部を消す機能

消したい部分でマウスボタンを押したままポインタを動かし、消す範囲を塗ります。

■を選ぶと、消しゴムのサイズを調整するスライダーが表示されます。必要に応じて、サイズを調整しましょう。

右図は画像の右下にある花を消すために、そこを塗った状態です。

図6-2-6　サイズを調整するスライダー

図6-2-5　消す範囲を決める

消す範囲

塗り終わったら「Erase」をクリックすると、次のように消すことができます。

図6-2-7　画像の一部が消える

次はアイテムを追加しましょう。追加するには、ペンアイコン✎をクリックします。これも、消しゴムアイコン◈と同様にペンの大きさを変更できます。

図6-2-8　アイテムを追加するアイコン

アイテムを追加したい部分を塗り、プロンプトに追加したいキーワードを入力したら、「Inpaint」ボタンをクリックします。

右図では左の犬の耳を塗り、「**ribbon**」と入力しています。

図6-2-9　追加するためのプロンプトを入力

指定した通りにリボンが追加されました。

図6-2-10　アイテムが追加される

　以上の作業を行って、数か所に違いを設けましょう。作業が終わったら、画像の上で右クリックして「Download」を選び、加工した画像をパソコンにダウンロードします。

図6-2-11　編集した画像をダウンロード

このアイコンをクリックしてもダウンロードできます

1　右クリックします

2　選択します

Playground AIの画像は、PNG形式で保存されます。

ダウンロードした画像のファイル名を「right.png」に変更し、この章のプログラムを保存するフォルダ内の「image」フォルダに移動しましょう。

》》》 画像加工の注意点

選んだ領域やプロンプトの内容によっては、思い通りに消すことができなかったり、アイテムが追加されないことがあります。その場合は領域を変えたり、プロンプトを変更して試しましょう。

Playground AIではアイテムを追加するとき、「Prompt Guidance」（P.26参照）という項目の数値を変更して試すことができます。これは、プロンプトの指示にどの程度近いものにするかという値です。

また、Playground AIで画像を生成したり修正できる回数には、1日当たりの上限があります。制限回数に達すると、その旨を知らせるメッセージが表示されます。引き続き作業したいなら、Upgradeするか（アップグレードは有料）、翌日以降に作業を再開しましょう。

生成AIの使用回数に達してしまっても、本書で使用する全ての素材はサポートページからダウンロードできるzipファイルに入っているので、それを使えば学習に支障をきたすことはありません。ダウンロード方法は、P.8で説明しています。

POINT

さまざまな画像生成AIがある

2022年以降、Web上で利用できる画像生成AIが多数、登場しました。質の高い画像を生成できるもの、絵のタッチが人によって評価の分かれるもの、一定の分野の画像生成に特化したものなど、さまざまなサービスがあります。

AIを用いた画像生成を本格的に行いたい方は色々なサービスを実際に試して、自分好みの絵を生成できるものや、使い勝手の良い機能を持つ画像生成AIを探してみましょう。

Lesson 6-3 違いを設けた部分の座標を調べよう

画像をクリックしたとき、そこに違いがあるかを判定するには、絵を変更した部分の座標データが必要です。この節では、その座標を調べて、データとして定義する方法を説明します。

ペイントツールで座標を調べよう

最初にWindowsの「ペイント」を使って説明します。Macの「プレビュー」で調べる方法は、P.147で説明します。

前の節で用意したright.pngをペイントで開きます。

図6-3-1　Windowsのペイントで画像を開く

違いを設けた部分の左上角にマウスポインタを合わせます。
ペイントの左下に、その座標が表示されます。

図6-3-2　座標が表示される

▷ 128, 278px

次に、違いを設けた部分の右下角にマウスポインタを移動し、その座標も調べます。

図6-3-3　左上角と右下角の座標を調べる

ここと

ここを
調べる

　左側の犬の耳に追加したリボンの座標は次のようになりました。

❶犬の耳のリボン

左上角	(128, 278)
右下角	(192, 340)

　この画像には、他に4か所、違いを設けました。全てを調べたところ次の座標になりました。

❷左上の消した蝶

左上角	(188, 106)
右下角	(225, 141)

❸右側の模様を消した風船

左上角	(504, 130)
右下角	(563, 198)

❹右側の犬の尻尾

左上角	(622, 424)
右下角	(639, 477)

❺右下の消した花

左上角	(481, 566)
右下角	(515, 593)

　これらの座標を紙にメモするか、テキストファイルに書き出しましょう。6-5節で座標データをプログラムに組み込みます。座標の値は厳密でなくてかまいません。多少ずれても、この章で制作する間違い探しゲームでは支障はありません。
　もし、アイテムを消したり追加した部分がわからなくなったときは、元の画像（left.png）を開いて確認しましょう。

≫≫ Macの「プレビュー」で調べる方法

「プレビュー」では、画像の上でマウスポインタを動かしても座標が表示されません。そこで、次の方法で座標を調べます。

① 「プレビュー」で画像を開き、マウスポインタを画像の左上角に合わせます。

② マウスボタンを押しながらポインタを動かすと、選択範囲の大きさが表示されます。表示される数値は、マウスポインタの座標とほぼ等しい値になります。

③ マウスボタンを押したまま、違いを設けた部分までポインタを動かせば、その座標を知ることができます。

図6-3-4　Macのプレビューで座標を調べる

画面構成をプログラミングしよう

間違い探しゲームのプログラミングに入ります。ここではウィンドウを作り、画像を表示するキャンバス（Canvas）を配置します。また、キャンバスに画像を表示する関数を定義します。

》》》 画像を表示する関数の定義について

この章で作るゲームはウィンドウにキャンバスを配置し、そこに2枚の画像を並べて表示します。2つの画像の間には区切り線を引きます。これは絵柄によっては左右の境がわかりにくくなるので、それを防ぐためです。

画像の表示は関数を定義して行います。この節で定義した関数に、後の節で、違いがある部分に矩形（長方形）を描くなどの処理を追加して、ゲームの完成を目指します。

》》》 画像を表示する関数を定義したプログラム

プログラムのファイル名は第6章の第1段階目の組み込みということで、step6_1.pyとします。次節以降も、step6_*.pyというファイル名で順に処理を組み込んでいきます。

次のプログラムを入力して、動作を確認しましょう。

コード▶Chapter6➡step6_1.py ⬇

```
01  import tkinter                                        tkinterをインポート
02
03  def picture():                                        画面を描く関数の定義
04      cvs.create_image(320, 320, image=img1)            左側の画像を表示
05      cvs.create_image(960, 320, image=img2)            右側の画像を表示
06      cvs.create_line(640, 0, 640, 639, fill="silver")  画像を区切る線を引く
07
08  root = tkinter.Tk()                                   ウィンドウを作る
09  root.title("間違い探しゲーム")                           タイトルを指定
10  root.resizable(False, False)                          ウィンドウサイズ変更不可
11  cvs = tkinter.Canvas(width=1280, height=640)          キャンバスを作る
12  cvs.pack()                                            キャンバスを配置
13  img1 = tkinter.PhotoImage(file="image/left.png")      変数に画像を読み込む
14  img2 = tkinter.PhotoImage(file="image/right.png")     変数に画像を読み込む
15  picture()                                             picture()関数を呼び出す
16  root.mainloop()                                       ウィンドウの処理を開始
```

実行画面 ▶ step6_1.py

　tkinterモジュールを用いてウィンドウを作り、そこにキャンバスを配置しています。640ピクセル四方の画像を左右に横に並べるので、キャンバスの大きさを幅1280ピクセル、高さ640ピクセルとしています。

　3〜6行目にpicture( )という関数を定義しました。それを抜き出して確認します。

```
03  def picture():
04      cvs.create_image(320, 320, image=img1)
05      cvs.create_image(960, 320, image=img2)
06      cvs.create_line(640, 0, 640, 639, fill="silver")
```

　画像を表示するcreate_image( )の座標の引数は、画像の中心であることに注意しましょう。
　create_line( )でキャンバスの中央に縦線を引いています。線の色をsilverとしています。色指定に用いる英単語は、第4章のコラムで説明しています。
　次の節で、この関数に違いのある部分に矩形を描く処理を追加します。

違いを設けた部分に矩形を描こう

この節では、違いを設けた部分の座標を配列で定義します。そして、画像の違いの上に矩形を描きます。

座標を配列で定義しよう

6-2節で調べた座標を次のような配列で定義します。

```
DATA_XY = [
(x11, y11), (x12, y12), # 1つ目の違いの座標
(x21, y21), (x22, y22), # 2つ目の違いの座標
(x31, y31), (x32, y32), # 3つ目の違いの座標
(x41, y41), (x42, y42), # 4つ目の違いの座標
(x51, y51), (x52, y52)  # 5つ目の違いの座標
]
```

x座標とy座標のデータなので、DATA_XY という配列にします。配列名を大文字としたのは、プログラミングでは定数を全て大文字で記述することが推奨されるためです。

プログラミングにおける**定数**とは、定義後、値を変えない数や文字列を扱う変数のことです。定数は全て大文字とし、値を変更する変数を小文字で記述すれば両者の違いが一目瞭然で、プログラムの間違いを減らせる利点があります。

Python のリストとタプルについて

DATA_XYを [ ] と ( ) の2種類の括弧を使って定義します。Python の配列定義では、[ ] と ( ) を用いることができます。[ ] と ( ) の使い分け方を説明します。

❶ array = [10, 20, 30]
❷ array = (10, 20, 30)

❶のように [ ] で定義した要素のarray[0]、array[1]、array[2] には自由に値を代入し直せます。

一方、❷の ( ) で定義したarray[0]、array[1]、array[2] は最初に代入した値を変更できません。値を変えてはならないデータを ( ) で定義すると、大切なデータを誤って書き替えることを防げます。

（）で定義した配列も、その値を参照するときはarray[0]のように［ ］で記述します。array（）とすると関数を意味することになってしまうので注意しましょう。

Pythonでは［ ］で定義したものを**リスト**、（）で定義したものを**タプル**といいます。

以上がリストとタプルについての説明ですが、この節で定義するDATA_XYは座標データを(x,y)と丸括弧で記すと数学と同じ書式になってわかりやすいので、（）を用いることにします。

違いに矩形を描くプログラム

違いを設けた部分の座標を定義し、そこに矩形を描くプログラムを確認します。前のプログラムにマーカー部分を追記して動作を確認しましょう。

このプログラムは全ての違いに矩形を表示しますが、次の節でクリックして違いを見つけた個所にだけ矩形を描くように改良します。

コード ▶ Chapter6 ➡ step6_2.py 🔽 ※前のプログラムからの追加・変更箇所にマーカーを引いています

```python
01  import tkinter                                              tkinterをインポート
02
03  def picture():                                              画面を描く関数の定義
04      cvs.create_image(320, 320, image=img1)                  左側の画像を表示
05      cvs.create_image(960, 320, image=img2)                  右側の画像を表示
06      cvs.create_line(640, 0, 640, 639, fill="silver")        画像を区切る線を引く
07      for i in range(5): # 違う部分に矩形を描く                  5回繰り返す
08          xy1 = DATA_XY[i*2]                                  ┌左上角の座標を取り出す
09          x1, y1 = xy1[0], xy1[1]                             ┘
10          xy2 = DATA_XY[i*2+1]                                ┌右下角の座標を取り出す
11          x2, y2 = xy2[0], xy2[1]                             ┘
12          cvs.create_rectangle(x1, y1, x2, y2, width=3) # 左   左の絵に矩形を描く
13          cvs.create_rectangle(x1+640, y1, x2+640, y2, width=3) # 右   右の絵に矩形を描く
14
15  root = tkinter.Tk()                                         ウィンドウを作る
16  root.title("間違い探しゲーム")                                 タイトルを指定
17  root.resizable(False, False)                                ウィンドウサイズ変更不可
18  cvs = tkinter.Canvas(width=1280, height=640)                キャンバスを作る
19  cvs.pack()                                                  キャンバスを配置
20  img1 = tkinter.PhotoImage(file="image/left.png")            変数に画像を読み込む
21  img2 = tkinter.PhotoImage(file="image/right.png")           変数に画像を読み込む
22  DATA_XY = [                                                 ┌違う部分の座標を定義
23  (128, 278), (192, 340), # 1つ目の違いの座標                    │
24  (188, 106), (225, 141), # 2つ目の違いの座標                    │
25  (504, 130), (563, 198), # 3つ目の違いの座標                    │
26  (622, 424), (639, 477), # 4つ目の違いの座標                    │
27  (481, 566), (515, 593)  # 5つ目の違いの座標                    │
28  ]                                                          ┘
29  picture()                                                   picture()関数を呼び出す
30  root.mainloop()                                             ウィンドウの処理を開始
```

実行画面 ▶ step6_2.py 📥

　picture( )関数に記述した次の処理で、配列で定義した座標データから矩形を描いています。

```
07    for i in range(5): # 違う部分に矩形を描く
08        xy1 = DATA_XY[i*2]
09        x1, y1 = xy1[0], xy1[1]
10        xy2 = DATA_XY[i*2+1]
11        x2, y2 = xy2[0], xy2[1]
12        cvs.create_rectangle(x1, y1, x2, y2, width=3) # 左
13        cvs.create_rectangle(x1+640, y1, x2+640, y2, width=3) # 右
```

　違いを5か所に設けたので、それらを順に描くためにfor文を用いています。このfor文は変数iの値を0から4まで1ずつ増やしながら、8〜13行目の処理を繰り返します。処理の内容は、DATA_XYに定義した左上角の座標と右下角の座標を取り出し、その位置に矩形を描くというものです。

❯❯❯ 座標データをどのように取り出しているか

座標を定義した DATA_XY[n] は、n が 0 から 9 の 10 個の要素からなります。

それぞれのデータは、次の図の通りです。

図6-5-1　配列からデータを取り出す

```
DATA_XY[0]  DATA_XY[1]      DATA_XY = [

DATA_XY[2]  DATA_XY[3]      (128, 278), (192, 340), # 1つ目の違いの座標

DATA_XY[4]  DATA_XY[5]      (188, 106), (225, 141), # 2つ目の違いの座標

DATA_XY[6]  DATA_XY[7]      (504, 130), (563, 198), # 3つ目の違いの座標

DATA_XY[8]  DATA_XY[9]      (622, 424), (639, 477), # 4つ目の違いの座標

                           (481, 566), (515, 593)  # 5つ目の違いの座標

                           ]
```

for 文で用いる変数 i の値が 0 のときを考えてみましょう。

xy1 = DATA_XY[0] により、1 つ目の違いの左上角の座標である (128, 278) が変数 xy1 に代入されます。このとき xy1[0] が 128、xy1[1] が 278 になります。

x1, y1 = xy1[0], xy1[1] とすると、x1 に 128、y1 に 278 が代入されます。これにより (x1,y1) が 1 つ目の違いの左上角の座標になります。

同様に、xy2 = DATA_XY[1] で、1 つ目の違いの右下角の座標 (192, 340) を xy2 に代入し、x2, y2 = xy2[0], xy2[1] で、(x2,y2) が右下角の座標になります。

クリックした座標を調べよう

画像をクリックしたところが違いのある部分かを判定する準備として、キャンバスをクリックしたときに、その座標を表示する処理を組み込みます。

⟫⟫⟫ bind( )を用いてイベントを取得しよう

クリックしたキャンバスの座標を知るには、次の2つの処理を組み込みます。

❶ クリックしたときに呼び出す関数を定義する。
❷ bind( )命令を記述して、1つ目の引数を"<Button>"とし、2つ目の引数で❶の関数を指定する。

❶の関数には、イベントを受け取る引数を設けます。
❷のbind( )は、キャンバスの部品に対して用います。また、bind( )で指定する関数名には、( )を付けない決まりがあります。

⟫⟫⟫ クリックした座標をタイトルに表示するプログラム

クリックした座標をウィンドウのタイトルに表示するプログラムを確認します。前のプログラムにマーカー部分を追記して実行し、キャンバスをクリックして動作を確認しましょう。

コード ▶ Chapter6➡step6_3.py 🔽 ※前のプログラムからの追加・変更箇所にマーカーを引いています

```
01  import tkinter                                          tkinterをインポート
02
03  def picture():                                          画面を描く関数の定義
    ：この関数の処理は前のプログラムの通りなので省略します
14
15  def click(e): # クリックした時の処理                      クリックした時の関数の定義
16      root.title("x="+str(e.x)+"/y="+str(e.y))            タイトルに座標を表示
17
18  root = tkinter.Tk()                                      ウィンドウを作る
19  root.title("間違い探しゲーム")                             タイトルを指定
20  root.resizable(False, False)                            ウィンドウサイズ変更不可
21  cvs = tkinter.Canvas(width=1280, height=640)            キャンバスを作る
22  cvs.pack()                                               キャンバスを配置
23  cvs.bind("<Button>", click)                             クリックした時に呼ぶ関数
24  img1 = tkinter.PhotoImage(file="image/left.png")        変数に画像を読み込む
25  img2 = tkinter.PhotoImage(file="image/right.png")       変数に画像を読み込む
26  DATA_XY = [                                              ┬違う部分の座標を定義
    ：座標データは前のプログラムの通り                          │
32  ]                                                       ┘
33  picture()                                                picture()関数を呼び出す
34  root.mainloop()                                          ウィンドウの処理を開始
```

実行画面▶step6_3.py ⬇

キャンバス上の色々な位置をクリックしましょう。その座標がタイトルに表示されます。

座標の値は、次の節で、違いのある部分を正しくクリックしたかを判定するときに用います。

ここでは動作を確認するためにタイトルバーに座標を表示しましたが、完成させるときにクリックできる残り回数をタイトルバーに表示します。

>>> 関数定義とイベントについて

キャンバスをクリックしたときに呼び出すclick( )という関数を定義しました。click( )関数はマウスのクリックイベントで動作します。マウスやキーによる操作をプログラミング用語でイベントといいます。

イベント発生時に動作する関数には、イベントを受け取る引数を設けます。click( )にはeという引数を設けました。そのeに.xと.yを付けたe.xとe.yがクリックしたマウスポインタの座標になります。

イベントを受け取る引数は、click(event)のように任意の変数名にできます。eventとするなら、event.x、event.yがクリックした座標になります。

>>> bind( )の記述について

23行目のcvs.bind("<Button>", click)で、キャンバスをクリックしたときにclick( )関数が呼び出されます。bind( )で指定する関数には( )を付けない決まりがあるので、bind( )の第2引数をclickとしています。

bind( )で取得できる主なイベントは次の通りです。

表6-6-1　bind( )で取得できる主なイベント

<イベント>	イベントの内容
<Motion>	マウスポインタを動かした
<Button>あるいは<ButtonPress>	マウスボタンを押した
<ButtonRelease>	マウスボタンを離した
<Key>あるいは<KeyPress>	キーを押した
<KeyRelease>	キーを離した

これらのイベントは、この節で組み込んだ処理と同じ方法で取得できます。

　例えば、キャンバス上でマウスポインタを動かしたときのイベントを取得するなら、move(e) などの関数を定義し、cvs.bind("<Motion>", move) と記述します。

　キーイベントの取得は、ウィンドウの変数（本書では root）に対して bind( ) 命令を用います。

Lesson 6-7　違いをクリックしたら矩形を表示しよう

この節では、違いのある部分を正しくクリックしたときに矩形が表示されるようにします。

フラグを使おう

違いのある部分を見つけたかをフラグで管理します。プログラミングにおける**フラグ**とは、何らかの条件が成り立ったときに処理を分けるために用いる変数や配列をいいます。

フラグには0やFalseを代入しておき、条件が変化したら別の値（1やTrueなど）を代入します。そしてその値によって処理を分岐します。

ここではhit[0]〜hit[4]の5つのフラグを用意します。それら全てにFalseを代入しておき、n番の違いを正しくクリックしたら、hit[n]にTrueを代入します。画像を描くpicture()関数では、hit[n]がTrueなら、その違いに矩形を描くようにします。こうすることで、違いを当てたときに矩形が表示されます。

図6-7-1　フラグの役割

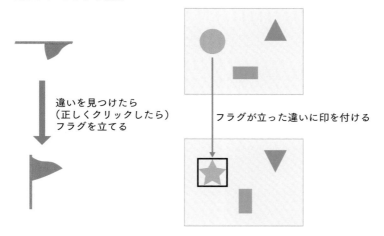

違いを見つけたら
（正しくクリックしたら）
フラグを立てる

フラグが立った違いに印を付ける

違いをクリックしたら矩形が表示されるプログラム

違いを正しくクリックしたら矩形が表示されるプログラムを確認します。前のプログラムにマーカー部分を追記して動作を確認しましょう。

プログラム起動時は矩形が表示されていません。**左側の画像の違いのある部分をクリック**すると矩形が表示されます。ゲームを完成させるときに、左右どちらをクリックしてもよいようにします。

コード▶Chapter6➡step6_4.py 📥 ※前のプログラムからの追加・変更箇所にマーカーを引いています

```python
01  import tkinter
02
03  def picture():
04      cvs.delete("all")
05      cvs.create_image(320, 320, image=img1)
06      cvs.create_image(960, 320, image=img2)
07      cvs.create_line(640, 0, 640, 639, fill="silver")
08      for i in range(5): # 違う部分に矩形を描く
09          if hit[i]==False: continue
10          xy1 = DATA_XY[i*2]
11          x1, y1 = xy1[0], xy1[1]
12          xy2 = DATA_XY[i*2+1]
13          x2, y2 = xy2[0], xy2[1]
14          cvs.create_rectangle(x1, y1, x2, y2, width=3) # 左
15          cvs.create_rectangle(x1+640, y1, x2+640, y2,
    width=3) # 右
16
17  def click(e): # クリックした時の処理
18      root.title("x="+str(e.x)+"/y="+str(e.y))
19      for i in range(5):
20          if hit[i]==True: continue
21          xy1 = DATA_XY[i*2]
22          x1, y1 = xy1[0], xy1[1]
23          xy2 = DATA_XY[i*2+1]
24          x2, y2 = xy2[0], xy2[1]
25          if x1<e.x and e.x<x2 and y1<e.y and e.y<y2:
26              hit[i] = True
27              picture()
28
29  root = tkinter.Tk()
30  root.title("間違い探しゲーム")
31  root.resizable(False, False)
32  cvs = tkinter.Canvas(width=1280, height=640)
33  cvs.pack()
34  cvs.bind("<Button>", click)
35  img1 = tkinter.PhotoImage(file="image/left.png")
36  img2 = tkinter.PhotoImage(file="image/right.png")
37  DATA_XY = [
38  (128, 278), (192, 340), # 1つ目の違いの座標
39  (188, 106), (225, 141), # 2つ目の違いの座標
40  (504, 130), (563, 198), # 3つ目の違いの座標
41  (622, 424), (639, 477), # 4つ目の違いの座標
42  (481, 566), (515, 593)  # 5つ目の違いの座標
43  ]
44  hit = [False, False, False, False, False]
45  picture()
46  root.mainloop()
```

tkinterをインポート

画面を描く関数の定義
描いたものを全て消す
左側の画像を表示
右側の画像を表示
画像を区切る線を引く
5回繰り返す
見つけてないものは飛ばす
┬左上角の座標を取り出す
┘
┬右下角の座標を取り出す
┘
左の絵に矩形を描く
右の絵に矩形を描く

クリックした時の関数の定義
タイトルに座標を表示
5回繰り返す
見つけたものは飛ばす
┬左上角の座標を取り出す
┘
┬右下角の座標を取り出す
┘
正しい位置をクリックしたか
フラグを立てる
画面を描き直す

ウィンドウを作る
タイトルを指定
ウィンドウサイズ変更不可
キャンバスを作る
キャンバスを配置
クリックした時に呼ぶ関数
変数に画像を読み込む
変数に画像を読み込む
┬違う部分の座標を定義
｜
｜
｜
｜
┘
フラグ用の配列
picture()関数を呼び出す
ウィンドウの処理を開始

実行画面 ▶ step6_4.py ⬇ ※この画面は左の犬の耳のリボンを当てた様子

44行目の hit = [False, False, False, False, False] がフラグとして用いる配列です。この記述で hit[0] 〜 hit[4] の5つの箱（要素）が作られ、全てに False が代入されます。

正しい位置をクリックしたことを判定する

click( )関数に、違いを正しくクリックしたかを判定する処理を組み込みました。その処理を確認します。

```
17  def click(e): # クリックした時の処理
18      root.title("x="+str(e.x)+"/y="+str(e.y))
19      for i in range(5):
20          if hit[i]==True: continue
21          xy1 = DATA_XY[i*2]
22          x1, y1 = xy1[0], xy1[1]
23          xy2 = DATA_XY[i*2+1]
24          x2, y2 = xy2[0], xy2[1]
25          if x1<e.x and e.x<x2 and y1<e.y and e.y<y2:
26              hit[i] = True
27              picture()
```

違いを設けた座標を DATA_XP という配列で定義しています。このプログラムでは、5か所に違いを設けています。その5か所を for 文を用いて順に調べていきます。

すでに見つけたものを調べる必要はないので、20行目で hit[i] が True なら continue により21行目以降に進まないようにして、次の繰り返しを行います。

21〜24行目の座標の取り出し方は、6-5節で説明した通りです。

25行目の if 文で、クリックした座標 (e.x, e.y) が違いを設けた部分の範囲内かを調べています。この if 文の条件式は x1<e.x、e.x<x2、y1<e.y、e.y<y2 の4つを and で結んでいます。

159

andは「かつ」の意味を持ち、andで結んだ条件式は全てが成り立ったときにif文の処理が行われます。

この条件式に用いている変数の位置関係を図にすると、以下のようになります。

図6-7-2　クリックした座標が、違いの中にあるかを判定する

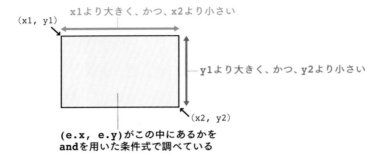

x1<e.x and e.x<x2 and y1<e.y and e.y<y2 が成り立つとき、クリックした座標である (e.x, e.y) は、この図の矩形の中にあります。そのときはhit[i] にTrueを代入し、picture( )関数を呼び出しています。

picture( )関数には if hit[i]==False: continue という条件分岐を追加し、hit[i] がTrueなら枠を描くようにしました。

picture( )関数には cvs.**delete("all")** という記述も追加しました。これはキャンバスに描いたものを全て (all) 消す命令です。tkinterのキャンバスに画像や図形を何度も重ねて描くと、処理が重くなることがありますが、delete("all") で全て消してから描き直せば、重くなることはありません。そのために、この命令を用いています。

Lesson 6-8 制限回数とスコアを入れて完成させよう

画面をクリックできるのは10回までとし、違いを正しくクリックしたらスコアを増やします。また、ゲームクリアなどのメッセージを出す処理を組み込んで、ゲームを完成させます。

》》》 制限回数とスコアを数える変数を用意しよう

ゲームルールを組み込むには、そのルールのための変数を用意します。

このゲームは、画面をクリックできる回数をremainという変数で数えることにします。remainに10を代入し、クリックしたら1減らします。remainの値が0になるまでクリックを受け付けるようにして、制限回数を設けます。

また、スコアを代入するscoreという変数を用意し、違いを当てたときに値を1増やします。scoreが5になったら、ゲームをクリアしたことをメッセージボックスで表示します。

メッセージボックスを使うにはtkinter.messageboxをインポートします。
tkinter.messageboxの使い方は、第5章の5-7節（P.127）で説明しています。

》》》 完成した間違い探しゲームのプログラム

完成した間違い探しゲームを確認します。前のプログラムにマーカー部分を追記して動作を確認しましょう。完成したプログラムのファイル名はmachigai_sagashi.pyとしています。

コード ▶ Chapter6 ➡ machigai_sagashi.py 📥 ※前のプログラムからの追加・変更箇所にマーカーを引いています

```
01  import tkinter                                              tkinterをインポート
02  import tkinter.messagebox                                   messageboxをインポート
03
04  def picture():                                              画面を描く関数の定義
05      cvs.delete("all")                                       描いたものを全て消す
06      cvs.create_image(320, 320, image=img1)                  左側の画像を表示
07      cvs.create_image(960, 320, image=img2)                  右側の画像を表示
08      cvs.create_line(640, 0, 640, 639, fill="silver")        画像を区切る線を引く
09      cvs.create_text(320, 10, text="2つの絵の異なる部分をクリック   説明文を表示
    します")
10      for i in range(5): # 違う部分に矩形を描く                    5回繰り返す
11          if hit[i]==False: continue                          見つけてないものは飛ばす
12          xy1 = DATA_XY[i*2]                                  ┏左上角の座標を取り出す
13          x1, y1 = xy1[0], xy1[1]                             ┛
14          xy2 = DATA_XY[i*2+1]                                ┏右下角の座標を取り出す
15          x2, y2 = xy2[0], xy2[1]                             ┛
16          cvs.create_rectangle(x1, y1, x2, y2, width=3) # 左   左の絵に矩形を描く
17          cvs.create_rectangle(x1+640, y1, x2+640, y2,        右の絵に矩形を描く
    width=3) # 右
18
19  def click(e): # クリックした時の処理                            クリックした時の関数の定義
20      global remain, score                                    変数のグローバル宣言
21      if remain==0 or score==5: return                        残り回数0か全て見つけた
```

```python
22      remain = remain - 1
23      root.title("間違い探しゲーム　残り"+str(remain))
24      for i in range(5):
25          if hit[i]==True: continue
26          xy1 = DATA_XY[i*2]
27          x1, y1 = xy1[0], xy1[1]
28          xy2 = DATA_XY[i*2+1]
29          x2, y2 = xy2[0], xy2[1]
30          if (x1<e.x and e.x<x2 and y1<e.y and e.y<y2) or
(x1+640<e.x and e.x<x2+640 and y1<e.y and e.y<y2):
31              score = score + 1
32              hit[i] = True
33              picture()
34              cvs.update()
35              tkinter.messagebox.showinfo("", "当たりです！")
36      if score==5:
37          tkinter.messagebox.showinfo("ゲームクリア", "全て見つけ
ることができました！")
38      elif remain==0:
39          tkinter.messagebox.showinfo("ゲームオーバー", "残念、、、
\n"+str(5-score)+"カ所、残っています")
40
41  root = tkinter.Tk()
42  root.title("間違い探しゲーム")
43  root.resizable(False, False)
44  cvs = tkinter.Canvas(width=1280, height=640)
45  cvs.pack()
46  cvs.bind("<Button>", click)
47  img1 = tkinter.PhotoImage(file="image/left.png")
48  img2 = tkinter.PhotoImage(file="image/right.png")
49  DATA_XY = [
50  (128, 278), (192, 340), # 1つ目の違いの座標
51  (188, 106), (225, 141), # 2つ目の違いの座標
52  (504, 130), (563, 198), # 3つ目の違いの座標
53  (622, 424), (639, 477), # 4つ目の違いの座標
54  (481, 566), (515, 593)  # 5つ目の違いの座標
55  ]
56  hit = [False, False, False, False, False]
57  remain = 10
58  score = 0
59  picture()
60  root.mainloop()
```

行	コメント
22	残り回数を減らす
23	残り回数をタイトルに表示
24	5回繰り返す
25	見つけたものは飛ばす
26	┌左上角の座標を取り出す
27	┘
28	┌右下角の座標を取り出す
29	┘
30	正しい位置をクリックしたか
31	スコアを増やす
32	フラグを立てる
33	画面を描き直す
34	キャンバスを即座に更新
35	このメッセージを表示
36	全ての違いを見つけたら
37	このメッセージを表示
38	残り回数が0なら
39	このメッセージを表示
41	ウィンドウを作る
42	タイトルを指定
43	ウィンドウサイズ変更不可
44	キャンバスを作る
45	キャンバスを配置
46	クリックした時に呼ぶ関数
47	変数に画像を読み込む
48	変数に画像を読み込む
49	┌違う部分の座標を定義
50	│
51	│
52	│
53	│
54	│
55	┘
56	フラグ用の配列
57	残り回数を代入する変数
58	スコアを代入する変数
59	picture()関数を呼び出す
60	ウィンドウの処理を開始

※プログラムを入力する際、「字下げ」に注意しましょう。Python は字下げする位置に間違いがあると、正しく動作しません。

実行画面 ▶ machigai_sagashi.py ⬇

　クリックできる回数を代入するremainという変数と、スコアを代入するscoreという変数を用意しました。画面をクリックしたときに呼び出すclick( )関数にremainとscoreの計算、およびremainとscoreを条件式に用いたif文を追加しました。

≫≫ click( )関数を確認しよう

　click( )関数を抜き出して確認します。

```
19  def click(e): # クリックした時の処理
20      global remain, score
21      if remain==0 or score==5: return
22      remain = remain - 1
23      root.title("間違い探しゲーム　残り"+str(remain))
24      for i in range(5):
25          if hit[i]==True: continue
26          xy1 = DATA_XY[i*2]
27          x1, y1 = xy1[0], xy1[1]
28          xy2 = DATA_XY[i*2+1]
29          x2, y2 = xy2[0], xy2[1]
30          if (x1<e.x and e.x<x2 and y1<e.y and e.y<y2) or (x1+640<e.x and e.x<x2+640 and
    y1<e.y and e.y<y2):
31              score = score + 1
32              hit[i] = True
33              picture()
34              cvs.update()
35              tkinter.messagebox.showinfo("", "当たりです！")
36      if score==5:
37          tkinter.messagebox.showinfo("ゲームクリア", "全て見つけることができました！")
38      elif remain==0:
39          tkinter.messagebox.showinfo("ゲームオーバー", "残念、、、\n"+str(5-score)+"カ所、残っ
    ています")
```

関数の外で宣言したグローバル変数であるremainとscoreの値を関数内で変更するので、関数の冒頭でglobal remain, scoreとグローバル宣言しています。globalキーワードによる宣言は、Python特有の決まりです。

21行目でremainが0（クリックできる回数がない）、もしくは、scoreが5（全ての違いを見つけた）ならreturnで関数を抜け、22行目以降に処理が進まないようしています。関数内にreturnがあると、そこで関数の処理が終わります。remainが0かscoreが5になったら、それ以上はクリックを受け付けないように、ここでreturnによって関数を終了しています。

>>> どちらの絵をクリックしても判定できるようにする

クリックした座標が違いのある部分かを判定するif文に、orで結んだ(x1+**640**<e.x and e.x<x2+**640** and y1<e.y and e.y<y2)という条件式を追加しました（30行目）。今回、用いた画像の幅は640ピクセルです。x1とx2に640を足した条件式により、右の絵の上でクリックしても違いを判定できるようにしています。

左側の条件式	(x1<e.x and e.x<x2 and y1<e.y and e.y<y2)
右側の条件式	(x1+640<e.x and e.x<x2+640 and y1<e.y and e.y<y2)

前の節では左側の条件式だけで判定し、そのプログラムには条件式を括る( )は記述しませんでした。ここでは左側の条件式と右側の条件式が、どのような式であるかを( )を使って記述しています。( )を付けないと、どこまでが左側の式で、どこからが右側の式なのか定まらないので、正しく判定できません。

34行目の**cvs.update( )**はキャンバスに描いたものを即座に画面に表示する命令です。この命令を呼ぶことで、違いを見つけたことをメッセージボックスで表示する前に、当てた部分に矩形を描いています。

生成 AI はどこまで進化するか？

　間違い探しの元の画像を生成 AI で作成し、違いを設けた画像は人手で作成しました。手作業と言っても、実際の描画作業は生成 AI で行いましたが、違いのある絵を作る工程には手間がかかると感じた方もいるかもしれません。最初から数か所に違いのある 2 枚の画像を生成できれば、それは確かに楽でしょう。

　筆者は、Image Creator でそれができないかを試してみました。

　「間違い探し用の画像、数か所に違いのある 2 枚の画像、違い以外は全く同じ画像になっている」などのプロンプトをキーワードを変えて試すと、似たような 2 枚の画像を生成できました。しかし、Image Creator が生成した画像には明らかな違いがあったり、似てはいるが細かな部分に多数の違いがあるなど、そのまま間違い探しに使うことはできそうにありません。ここでは、著者が実際に生成した画像の例を紹介します。

図6-C-1　間違い探し用に生成したが、うまくいかない画像

　しかし、諦めずに生成を繰り返すと、次の画像が作られました。一見すると、ほぼ同じ画像に見えますが、中央下の石や、遠くを飛んでいる鳥に違いがあります。

次ページへつづく

図6-C-2　間違い探しに使えそうな画像

　「これは使えるかもしれない！」と期待して細かな部分を調べたところ、残念ながらこのまま使うのは難しい画像であることがわかりました。よく見ると、それぞれの絵の左右に立つ木に無数の細かな違いがあり、岩石にも微妙な違いがたくさんあります。

　Image Creatorの画像はJPEG（jfif）形式なので、画像ファイルの圧縮アルゴリズムで生じる**ドットの乱れ**を考慮しても、間違い探しの絵として適切でないと思いました（補足ですが、PNG形式の場合にはドットの乱れは生じません）。

　生成AIで作成した絵を観察するうちに、間違い探し用の画像を生成AIで作る場合、ある課題が生じることに気付きました。間違い探しに使えそうな画像生成に成功したら、どこに違いがあるのかを人間が探すことになりますが、全ての違いを見つけたという最終判断を誰が行うのかという問題が生じます。

　絵の違いを探すソフトウェアを作れるので、そういったものを用意する手もあります（簡単な方法として、全てのピクセルのRGB値を比べます。RGB値とは、赤・緑・青の色成分を表す数値のことです）。

　しかし、2つの絵を比べるアルゴリズムを作るとき、例えばR=255とR=254のように近い数値のRGB値の色は人間の目で見分けるのは困難で、1～2ピクセルの微妙な差異を違いとするのかなど、さらなる疑問が出てきます。

　現時点では間違い探し用の絵を生成AIで作成する際に、人の手作業を加えて作成するのが確実でしょう。ただし各種のAIは日進月歩で発展しており、やがてAIが間違い探し用の2枚の絵を正確に作り出す（違いのある部分の座標データも出力してくれる）時代が訪れるかもしれません。

この章では、生成 AI を用いてモンスターや武器などの画像を作り、それらの素材を使ってリアルタイムに処理が進むアクションゲームを制作します。

アクションゲームを作ろう

Chapter 7

ゲーム内容を考えよう

この章では、アクションゲームを作ります。はじめに制作するゲームの内容を決めます。

≫ アクションゲームとは？

　アクションゲームはキャラクターやメカなどを操って敵を倒したり、障害物を避けたりしながら、決められた目標を達成するゲームの総称です。アクションゲームには色々なギミック（仕掛け）が設けられていることが多いですが、このジャンルに分類されるゲームは豊富にあり、さまざまなルールやプレイスタイルのアクションゲームが存在します。

　本書では動き回る敵をクリックして倒すというシンプルなゲームを作り、生成AIによる素材作成とプログラミングを学びます。ゲームを完成させた後、章末のコラムで、より本格的な内容に改造する方法をお伝えします。

≫ この章で作るゲームの仕様

　この章では、次のようなアクションゲームを制作します。

表7-1-1　この章で作るゲームの仕様

機能	・モンスターが画面内を自動的に動く。 ・マウスポインタを動かした位置にプレイヤーの武器が移動する。 ・モンスターに武器を合わせてクリックすると倒したことになる。 ・制限時間内にモンスターを何体倒せるかを楽しむゲームとする。
インターフェース	・ウィンドウにゲームの背景、モンスター、武器を表示する。
データ	・背景、モンスター、武器の画像（PNG形式のファイル）。

図7-1-1　この章で作るゲームの画面構成

tkinterでウィンドウを作り、キャンバスを配置して画像を表示します。

Lesson 7-2 生成AIで背景、モンスター、武器を作ろう

アクションゲームを作るために必要な画像を、生成AIで作成する方法を説明します。

》》》 好みの画像を用意しよう！

　背景、モンスター、剣の画像を生成AIで作ります。Image Creator と Playground AI で生成する例を紹介します。「剣と魔法のファンタジー世界」を舞台とする画像生成例を掲載しますが、ぜひ、みなさんの好きな世界観の画像を生成しましょう。お好みの素材を用意すれば、学習意欲が増すことでしょう。

》》》 Image Creator での生成例

図7-2-1　Image Creatorで生成した例

素材	入力したプロンプトと生成された画像
背景	ファンタジーゲーム用の背景、深い森、枯れた草原、切り立った山脈、怪しく暗い雰囲気、狼の影、アニメ風のイラスト 
モンスター	ゴブリン、ゲームの敵キャラ、悪そうな顔つき、背景無し、アニメ風のイラスト 
剣	ゲーム用の剣のイラスト、幅の広い剣 

Image Creatorで生成した画像の中から好きなものを選び、大きな画像を表示して保存（パソコンにダウンロード）します。1024×1024ピクセルのJPEG形式（あるいはJFIF形式）で保存されます。

　Image Creatorは日本語でプロンプトを入力できます。しかし画像生成AIの多くのは、英語で入力しないと適切な画像を生成できないことが多いので、そのときはGoogle翻訳などで英文にしてプロンプトを入力しましょう。

》》》 Playground AIでの生成例

図7-2-2　Playground AIで生成した例

素材	入力したプロンプトと生成された画像
背景	scenery for a fantasy game, deep forest, dry meadow, mountain range, dark sky, full moon, some bats, scary place, anime style, 
モンスター	goblin, fantasy role playing game character, anime style, 
剣	one broad sword, weapon for fantasy games, no background, 

⟫⟫⟫ 画像の大きさとファイル形式について

この章のゲーム制作に用いる画像は、**表7-2-1**の大きさとファイル名とします。

表7-2-1　この章のゲームに用いる画像の大きさとファイル名

素材	幅×高さ（ピクセル）	ファイル名
背景	1024×680	bg.png
モンスター	240×240程度	monster.png
剣	200×200程度	sword.png

Image Creatorで生成すると1024×1024ピクセルのJPEG形式（あるいはJFIF形式）になるので、ペイントツールで画像を加工し、PNG形式で保存します。モンスターと武器は背景を除去し、透明色を設定しましょう。

ペイントツールで画像を加工する方法は、第1章で説明しています。

表7-2-2　Image Creatorで生成した画像の加工

背景	画像の上下をカットして、1024×680ピクセルの大きさにします。1024×1024のまま使用しても問題ありません。
モンスター	背景を削除して透明色に設定し、200×200〜240×240ピクセル程度に縮小して、不要な余白をカットします。
剣	

ペイントツールには画像を回転したり、反転する機能があります。

今回、生成した剣の画像は向きを変更して使用します。

図7-2-3　Windowsの「ペイント3D」で画像の回転や反転を行う例

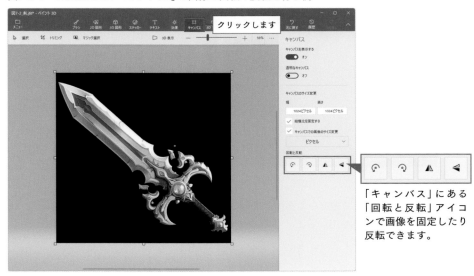

「キャンバス」にある「回転と反転」アイコンで画像を固定したり反転できます。

〉〉〉 Playground AIで生成する際の補足事項

Playground AIは生成する画像の大きさを指定できるので、Playground AIを使うときは、最初に画像の大きさを適切な値に設定しましょう。

Playground AIで生成する画像の最小サイズは256×256ピクセルなので（本書執筆時点）、モンスターと剣は256×256ピクセルで生成します。

Playground AIには生成した画像の背景を取り除く機能があります。生成した画像をクリックして「Remove background」のアイコンを選ぶと背景を除去できます。背景を取り除くと、キャラクターの周囲に透明色が設定され、画像サイズが自動的に描かれたものに合ったサイズになります。

図7-2-4　Playground AIで背景を除去

生成した画像を選び、■のアイコンをクリックすると、左右反転や上下反転などが行えるメニューが表示されます。

図7-2-5　画像を調整するメニュー

Playground AIで生成した画像はPNG形式で保存されます。

Playground AIを用いると、この章で使う画像をPlayground AIの機能だけで生成できます。

画像ファイルを作業フォルダに配置しよう

　次の節から入力するプログラムを保存するフォルダ内に「image」というフォルダを作り、用意した画像ファイルをその中に入れましょう。

　画像を適切な位置に配置しないと、プログラムで読み込めないので注意しましょう。

図7-2-6　画像を作業フォルダに配置

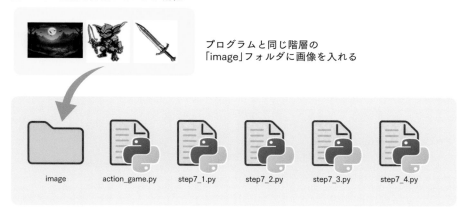

プログラムと同じ階層の
「image」フォルダに画像を入れる

本書で用いる全ての素材を本書サポートページで配布しています。それを使って学習を進めることができます。ダウンロード方法をP.8で説明しています。

画面構成をプログラミングしよう

アクションゲームのプログラミングに入ります。ここではウィンドウを作り、画像を表示するキャンバス（Canvas）を配置し、背景画像を読み込んでキャンバスに表示します。

≫≫ キャンバスに画像を表示するプログラム

プログラムのファイル名は第7章の第1段階目の組み込みということで、step7_1.pyとします。次節以降も step7_*.py というファイル名で、順に処理を組み込んでいきます。

次のプログラムを入力して、動作を確認しましょう。

コード▶Chapter7➡step7_1.py ⬇

```
01  import tkinter                                          tkinterをインポート
02  root = tkinter.Tk()                                     ウィンドウを作る
03  root.title("アクションゲーム")                          タイトルを指定
04  root.resizable(False, False)                            ウィンドウサイズ変更不可
05  cvs = tkinter.Canvas(width=1024, height=680)            キャンバスを作る
06  cvs.pack()                                              キャンバスを配置
07  bg = tkinter.PhotoImage(file="image/bg.png")            変数に画像を読み込む
08  cvs.create_image(512, 340, image=bg)                    キャンバスに画像を表示
09  root.mainloop()                                         ウィンドウの処理を開始
```

実行画面▶step7_1.py ⬇

tkinterでウィンドウを作り、Canvas()命令でキャンバスを用意して、pack()命令でキャンバスをウィンドウに配置しています。

PhotoImage( )命令でbgという変数に背景画像を読み込み、create_image( )命令で画像を
キャンバスに表示しています。

　PhotoImage( )の引数のfile=で画像を指定する際、画像が置かれた階層（フォルダ）とファ
イル名を正しく指定する必要があります。本書のゲームで用いる画像は、プログラムを保
存するフォルダ内の「image」フォルダに配置して、そこから読み込むようにしています。

　4行目のroot.resizable(False, False)はウィンドウの大きさを変更できなくする命令です。
ゲーム中にウィンドウの大きさが変わると遊びにくくなる恐れがあるので、それを防ぐため
に記述しています。

>>> 相対パスと絶対パスを知っておこう

　このプログラムでは画像の読み込みをbg = tkinter.PhotoImage(file="image/bg.png")で行
っており、file=の引数を"image/bg.png"としています。これは、プログラムのある場所と同
じ「image」フォルダ内のbg.pngを指しています。このように現在の場所から見て、どこに
ファイルがあるのかを指定することを**相対パス**による指定といいます。

　もう1つ、**絶対パス**による指定があります。例えば、画像を置く場所をC:ドライブ直下の
「Python」フォルダ内の「image」フォルダとしたとき、bg = tkinter.PhotoImage(file="C:/
Python/image/bg.png")、あるいはbg = tkinter.PhotoImage(file="C:¥¥Python¥¥image¥¥
bg.png")と指定する方法が絶対パスによる指定です。

　絶対パスでは「**どのドライブの、どのフォルダ内の、どのファイル**」というように、ファ
イルが置かれている場所をドライブ名を含めて指定します。

図7-3-1　相対パスと絶対パス

bg.png

step7_1.py　　「image」フォルダ

「Python」フォルダ

C:ドライブ

剣を動かす処理を組み込もう

この節では、マウスポインタの動きに合わせて剣が移動する処理を組み込みます。

>>> bind( ) でマウスイベントを取得しよう

マウスの動きに合わせて剣を動かすには、マウスポインタの座標を知る必要があるので、その座標を取得する方法から説明します。

マウス操作やキー入力をプログラミング用語で**イベント**といいます。tkinterを用いて作ったウィンドウで発生するイベントは**bind( )**という命令を使って取得します。具体的には次の2つの処理を組み込むことで、マウスを動かすイベントが発生したときにポインタの座標を知ることができます。

❶マウスポインタを動かしたときに呼び出す関数を定義する。
❷bind( )命令を記述して、1つ目の引数を "<Motion>" とし、2つ目の引数で❶の関数を指定する。

マウスを動かしたときに呼び出す関数を move(e) と定義した場合、キャンバスの変数cvsに対して、cvs.bind("<Motion>", move) と記述します。これでイベントと関数が結びつき、ポインタをキャンバス上で動かすと move( ) 関数が呼び出されるようになります。bind( )の引数の関数名には( )を付けない決まりがあるので、第2引数を move とします。

定義した move(e) の e はイベントを受け取るための引数です。イベントが発生したときに呼び出す関数には、イベントを受け取る引数を設けます。この e に .x と .y を付けた e.x と e.y がマウスポインタの座標になります。なお、bind( )の使い方は第6章の6-6節でも説明しています。

>>> ポインタの動きに合わせ剣を動かすプログラム

マウスポインタの動きに合わせて剣を動かすプログラムを確認します。前のプログラムにマーカー部分を追記して動作を確認しましょう。

コード ▶ Chapter7 ➡ step7_2.py 📥 ※前のプログラムからの追加・変更箇所に**マーカー**を引いています

```
01  import tkinter                                          tkinterをインポート
02
03  def move(e): # 剣を動かす                                ┬剣を動かす関数
04      cvs.delete("SWD")                                   │剣を消す
05      cvs.create_image(e.x, e.y, image=sword, tag="SWD")  ┘ポインタの座標に剣を表示
06
07  root = tkinter.Tk()                                     ウィンドウを作る
08  root.title("アクションゲーム")                          タイトルを指定
```

```
09    root.resizable(False, False)                          ウィンドウサイズ変更不可
10    cvs = tkinter.Canvas(width=1024, height=680)          キャンバスを作る
11    cvs.pack()                                            キャンバスを配置
12    cvs.bind("<Motion>", move)                            マウス移動で働く関数を指定
13    bg = tkinter.PhotoImage(file="image/bg.png")          変数に背景画像を読み込む
14    sword = tkinter.PhotoImage(file="image/sword.png")    変数に剣の画像を読み込む
15    cvs.create_image(512, 340, image=bg)                  キャンバスに背景を表示
16    root.mainloop()                                       ウィンドウの処理を開始
```

実行画面▶step7_2.py ⬇

　3〜5行目にマウスポインタを動かしたときに呼び出す関数を定義しました。この関数を働かせるために、12行目でcvs.bind("<Motion>", move)と記述しています。
　move()関数に引数eを設けています。関数が呼び出されたとき、e.xとe.yがマウスポインタの座標になります。キャンバスに画像を描くcreate_image()の座標をe.xとe.yで指定し、ポインタの位置に剣を表示しています。
　剣の画像は、14行目でswordという変数に読み込んでいます。

》》》 タグについて

　move()関数ではタグを使って剣の画像を消してから、新しい位置に剣を描き直しています。**タグ**（tag）はtkinterのキャンバスに描く画像や図形などに付ける識別用の文字列です。タグを使うには、create_image()などの描画命令の引数にtag=タグ名と記述します。
　このプログラムでは、剣の画像にSWDというタグを付けています。

```
03    def move(e): # 剣を動かす
04        cvs.delete("SWD")
05        cvs.create_image(e.x, e.y, image=sword, tag="SWD")
```

　cvs.delete("SWD")で剣を消しています。**delete()**は引数のタグの付いた画像や図形を削除する命令です。タグを使うとキャンバス全体を描き直さなくて済みます。

リアルタイムに
モンスターを動かそう

アクションゲームの制作には、リアルタイム処理が欠かせません。この節ではリアルタイム処理とはどのようなものかについて説明し、敵のモンスターをリアルタイムに動かす処理を組み込みます。

リアルタイム処理とは

第5章と第6章で制作したゲームは、ユーザーからの入力を待つ間、処理は停止しており、ボタンを押したり画面をクリックすると処理が進みました。一方、ゲームメーカーが発売・配信するゲームソフトやゲームアプリは自動的に処理が進みます。

例えばプレイヤーが操作をしなくても、ゲームに登場する人々や敵のキャラクターが動き、背景の景色が変化するなど、ゲーム内のさまざまなものが動いています。

そのような時間軸に沿って、進む処理が**リアルタイム処理**です。

Pythonでリアルタイム処理を行う方法

tkinterで作ったウィンドウでafter()という命令を使い、リアルタイム処理を行うことができます。

after()は指定した時間が経過したら特定の関数を呼び出す命令で、次のように記述します。

```
ウィンドウのオブジェクト変数.after(ミリ秒, 呼び出す関数)
```

この命令を用いると、引数で指定した関数を実行し続けることができます。その関数にリアルタイムに行う処理を記述します。プログラムの動作確認後にafter()の使い方を詳しく説明します。

モンスターがリアルタイムに動くプログラム

モンスターを自動的に動かすプログラムを確認します。前のプログラムにマーカー部分を追記して動作を確認しましょう。

モンスターの座標を代入するmon_xとmon_yという変数と、速さを代入するmon_vxという変数の合わせて3つの変数を宣言し、リアルタイム処理を行うmain()という関数を定義してキャラクターを動かしています。

コード▶Chapter7➡step7_3.py  ※前のプログラムからの追加・変更箇所にマーカーを引いています

```python
01  import tkinter                                                              tkinterをインポート
02
03  def move(e): # 剣を動かす                                                    ┬剣を動かす関数
04      cvs.delete("SWD")                                                       │剣を消す
05      cvs.create_image(e.x, e.y, image=sword, tag="SWD")                      ┘ポインタの座標に剣を表示
06
07  mon_x = 512                                                                 敵のx座標を代入する変数
08  mon_y = 340                                                                 敵のy座標を代入する変数
09  mon_vx = 20                                                                 x軸方向の速さを代入する変数
10
11  def main(): # リアルタイム処理を行う                                          ┬リアルタイム処理を行う関数
12      global mon_x, mon_y, mon_vx                                             │変数のグローバル宣言
13      mon_x = mon_x+mon_vx                                                    │敵のx座標を変化させる
14      if mon_x>924: mon_vx = -20                                             │右端に達したらvxを-20に
15      if mon_x<100: mon_vx = 20                                              │左端に達したらvxを20に
16      cvs.delete("MON")                                                       │敵を消す
17      cvs.create_image(mon_x, mon_y, image=monster, tag="MON")               │新たな位置に敵を表示
18      root.after(50, main)                                                    ┘リアルタイム処理を続ける
19
20  root = tkinter.Tk()                                                         ウィンドウを作る
21  root.title("アクションゲーム")                                               タイトルを指定
22  root.resizable(False, False)                                                ウィンドウサイズ変更不可
23  cvs = tkinter.Canvas(width=1024, height=680)                                キャンバスを作る
24  cvs.pack()                                                                  キャンバスを配置
25  cvs.bind("<Motion>", move)                                                  マウス移動で働く関数を指定
26  bg = tkinter.PhotoImage(file="image/bg.png")                               変数に背景画像を読み込む
27  sword = tkinter.PhotoImage(file="image/sword.png")                         変数に剣の画像を読み込む
28  monster = tkinter.PhotoImage(file="image/monster.png")                     変数に敵の画像を読み込む
29  cvs.create_image(512, 340, image=bg)                                       キャンバスに背景を表示
30  main()                                                                      main()関数を呼び出す
31  root.mainloop()                                                             ウィンドウの処理を開始
```

※after()の引数の関数名は()を付けずに記述する決まりなので、18行目の第2引数のmainに()は不要です。

実行画面▶step7_3.py

7～8行目でモンスターの座標を代入するmon_xとmon_yという変数を宣言しています。

　9行目でmon_vxという変数を宣言し、モンスターが左右（x軸方向）へ動く速さを代入しています。ここではmon_vxの初期値を20としています。これは1回の計算でx座標が何ピクセル変化するかという値です。小さな値にすればモンスターはゆっくり動き、大きな値にすれば速く動きます。座標の計算方法は、この後、説明します。

》》》 リアルタイム処理を行う関数

　11～18行目にリアルタイム処理を行うmain()という関数を定義しました。18行目のroot.after(50, main)で、50ミリ秒が経過したら、再びmain()関数を呼び出しています。

　after()の引数の関数名は()を付けずに記述します。

　after()によるリアルタイム処理の流れを図解します。

図7-5-1　リアルタイム処理の流れ

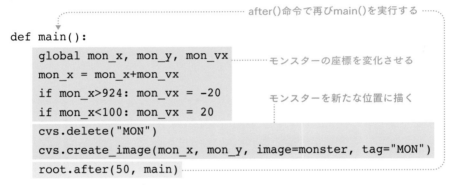

　1秒は1000ミリ秒なので、このリアルタイム処理は1秒間に約20回（1000÷50）の計算と描画を行っています。

　main()関数を30行目で最初に呼び出しています。以後はmain()の最後にあるafter()命令で、指定のミリ秒が経過するごとにmain()を呼び出し、継続して処理を行っています。

》》》 モンスターの座標計算を理解しよう

　モンスターのx座標をmon_x、y座標をmon_yという変数に代入し、x軸方向に動くピクセル数をmon_vxという変数に代入しています。mon_vxは初期値を20としています。

　main()関数に記述したmon_x = mon_x+mon_vxで、モンスターのx座標は1回の計算で20増え、右へ移動します。

　このときif mon_x>924: mon_vx = -20で、モンスターが画面右端に到達したかを調べており、達したときはmon_vxに-20を代入しています。これにより、右端に到達すると次の計算から敵のx座標が20ずつ減るので、左へ移動します。

また、画面左端に到達したかをif mon_x<100: mon_vx = 20で調べて、達したらmon_vxに20を代入しています。左端に到達後、次の計算からx座標が20ずつ増えるので、右へ移動します。

この計算の仕組みを図解します。

図7-5-2　画面の端でモンスターが逆方向に進む仕組み

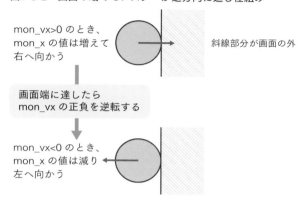

mon_vx>0 のとき、
mon_x の値は増えて
右へ向かう

斜線部分が画面の外

画面端に達したら
mon_vx の正負を逆転する

mon_vx<0 のとき、
mon_x の値は減り
左へ向かう

このゲームはキャンバスの幅を1024、高さを680ピクセルとしています。x座標は0〜1023、y座標は0から679になります。

図7-5-3　ゲーム画面の座標

原点(0,0)

x軸

y軸

>>> tkinterでリアルタイム処理を行うときの注意点

tkinterのキャンバスに画像や図形を描くとき、色々なものを次々に重ねていくと、処理が重くなることがあります。それを防ぐには、不要になったグラフィックをdelete()命令で削除します。前の節で剣を描くとき、タグを使って剣を消してから新たに描き直しました。敵の画像も同様にタグを使ってdelete()で消してから、新しい位置に描き直しています。

モンスターをクリックして倒す準備をしよう

ゲームの中の物体同士が接触しているか調べることを、ヒットチェックや当たり判定といいます。この節ではモンスターと剣のヒットチェックを行う方法を説明し、その処理を組み込みます。

モンスターをクリックしたことを判定するには？

7-4節でマウスポインタの動きに合わせて剣を動かす処理を組み込みました。マウスポインタの座標が剣の中心座標になります。

モンスターをクリックしたときに倒せるようにするには、クリックした座標が、次の図のモンスターを囲む枠内にあるかを調べます。

図7-6-1　マウスポインタの座標が矩形内かを調べる

敵キャラの座標
(mon_x, mon_y)

マウスポインタの座標＝剣の座標
(e.x, e.y)

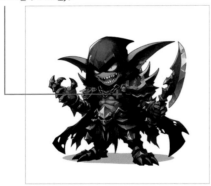

剣の中心座標(e.x, e.y)が、この図の枠の中にあれば、剣はモンスターのすぐ近くにあります。そのタイミングでマウスボタンをクリックしたら、敵を倒したことにします。

この節では動作を確認するために、クリックしたときに剣の座標が枠内にあれば、「Hit!」という文字列をシェルウィンドウに出力します。モンスターを倒す処理は次の節で組み込みます。

敵と剣のヒットチェックを組み込んだプログラム

クリックしたときに(e.x, e.y)がモンスターを囲む枠内にあれば、シェルウィンドウに「Hit!」と出力し、枠外でクリックしたら「NG」と出力するプログラムを確認します。前のプログラムにマーカー部分を追記して動作を確認しましょう。

マウスボタンをクリックしたときに呼び出すclick( )という関数を定義して、ヒットチェックを行っています。動作を確認しやすいように、敵の周囲に枠線を表示しています。

コード▶Chapter7➡step7_4.py　※前のプログラムからの追加・変更箇所にマーカーを引いています

```
01  import tkinter                                             tkinterをインポート
02
03  def move(e): # 剣を動かす                                  ┬剣を動かす関数
04      cvs.delete("SWD")                                      │剣を消す
05      cvs.create_image(e.x, e.y, image=sword, tag="SWD")     ┘ポインタの座標に剣を表示
06
07  def click(e): # 攻撃する                                   ┬クリックした時に働く関数
08      if mon_x-160<e.x and e.x<mon_x+160 and mon_y-160<e.y and   │敵をクリックしたかを判定
    e.y<mon_y+160:                                             │
09          print("Hit!")                                      │枠内ならHit!と出力
10      else:                                                  │そうでない(枠外)なら
11          print("NG")                                        ┘NGと出力
12
13  mon_x = 512                                                敵のx座標を代入する変数
14  mon_y = 340                                                敵のy座標を代入する変数
15  mon_vx = 20                                                x軸方向の速さを代入する変数
16
17  def main(): # リアルタイム処理を行う                        ┬リアルタイム処理を行う関数
18      global mon_x, mon_y, mon_vx                            │変数のグローバル宣言
19      mon_x = mon_x+mon_vx                                   │敵のx座標を変化させる
20      if mon_x>924: mon_vx = -20                             │右端に達したらvxを-20に
21      if mon_x<100: mon_vx = 20                              │左端に達したらvxを20に
22      cvs.delete("MON")                                      │敵を消す
23      cvs.create_image(mon_x, mon_y, image=monster, tag="MON")  │新たな位置に敵を表示
24      cvs.create_rectangle(mon_x-160, mon_y-160, mon_x+160,  │確認用の枠を表示
    mon_y+160, outline="yellow", tag="MON")                    │
25      root.after(50, main)                                   ┘リアルタイム処理を続ける
26
27  root = tkinter.Tk()                                        ウィンドウを作る
28  root.title("アクションゲーム")                             タイトルを指定
29  root.resizable(False, False)                               ウィンドウサイズ変更不可
30  cvs = tkinter.Canvas(width=1024, height=680)               キャンバスを作る
31  cvs.pack()                                                 キャンバスを配置
32  cvs.bind("<Motion>", move)                                 マウス移動で働く関数を指定
33  cvs.bind("<Button>", click)                                ボタンクリックで働く関数を指定
34  bg = tkinter.PhotoImage(file="image/bg.png")               変数に背景画像を読み込む
35  sword = tkinter.PhotoImage(file="image/sword.png")         変数に剣の画像を読み込む
36  monster = tkinter.PhotoImage(file="image/monster.png")     変数に敵の画像を読み込む
37  cvs.create_image(512, 340, image=bg)                       キャンバスに背景を表示
38  main()                                                     main()関数を呼び出す
39  root.mainloop()                                            ウィンドウの処理を開始
```

※24行目のcreate_rectangle()でモンスターの周りに枠線を描いています。この処理は次の節でゲームを完成させるときに削除します。

実行画面▶step7_4.py ⬇️

シェルウィンドウへの出力

Hit!	枠の中でクリックしたとき
NG	枠の外でクリックしたとき

》》》 キャンバスをクリックしたときに呼び出す関数

マウスボタンをクリックしたときに呼び出すclick( )という関数を7〜11行目に定義しました。それを抜き出して確認します。

```
07   def click(e): # 攻撃する
08       if mon_x-160<e.x and e.x<mon_x+160 and mon_y-160<e.y and e.y<mon_y+160:
09           print("Hit!")
10       else:
11           print("NG")
```

クリックしたときに、この関数が呼び出されるように、33行目にcvs.bind("<Button>", click)と記述しています。

8行目のif文のmon_x-160<e.x and e.x<mon_x+160 and mon_y-160<e.y and e.y<mon_y+160という条件式で、マウスポインタの座標が敵を囲む枠の中にあるかを判定しています。

この条件式は、mon_x-160<e.x、e.x<mon_x+160、mon_y-160<e.y、e.y<mon_y+160の4つをandで結んでいます。andで結んだ条件式は全て成り立つとTrueになり、if文に記述した処理が行われます。

このプログラムにはelseも記述し、枠の外でクリックしたときは、シェルウィンドウに「NG」と出力しています。

Lesson 7-7

点数計算と制限時間を入れて完成させよう

このゲームは、制限時間内に敵を何体倒せるかを楽しむ内容とします。敵を正しくクリックしたときのスコア計算と、タイムが減っていき、0になったらゲームが終了する処理を入れて完成させます。

スコアとタイムの変数を用意しよう

scoreという変数を用意し、敵を正しくクリックしたらscoreの値を増やします。
また、timeという変数を用意して初期値を代入し、main()関数の中でその値を1ずつ減らし、0になったら「GAME OVER」と表示して処理を止めます。

>>> 影付き文字を表示する関数を定義しよう

scoreとtimeの値を画面に表示します。背景の絵柄と文字列の色によっては、数字が判読しにくくなります。それを防ぐために影付き文字を表示する関数を定義して、文字列を表示します。

>>> 敵を倒したらランダムな位置に出現させよう

敵を倒したら、次の敵が別の場所に出現するようにします。これを行うにはrandomモジュールの乱数の命令を使って、敵の座標を乱数で変化させます。また、敵を倒したことがわかりやすいように、画面演出を行う処理も入れます。

>>> 完成したアクションゲームのプログラム

完成したアクションゲームを確認します。前のプログラムにマーカー部分を追記して動作を確認しましょう。完成したプログラムのファイル名はaction_game.pyとしています。

コード▶Chapter7➡action_game.py　※前のプログラムからの追加・変更箇所にマーカーを引いています

```
01  import tkinter                                          tkinterをインポート
02  import random                                           randomをインポート
03
04  def move(e): # 剣を動かす                               ┬剣を動かす関数
05      cvs.delete("SWD")                                   │剣を消す
06      cvs.create_image(e.x, e.y, image=sword, tag="SWD")  ┘ポインタの座標に剣を表示
07
08  def click(e): # 攻撃する                                ┬クリックした時に働く関数
09      global mon_x, mon_y, score                          │変数のグローバル宣言
10      if time==0: return                                  │タイムが0ならここで抜ける
```

185

Chapter 7 アクションゲームを作ろう

```
11      if mon_x-160<e.x and e.x<mon_x+160 and mon_y-160<e.y and          │ 敵をクリックしたかを判定
        e.y<mon_y+160:
12          cvs.create_oval(mon_x-150, mon_y-150, mon_x+150,              │ 円を描く命令で攻撃の演出
        mon_y+150, fill="gold", outline="red", width=50, tag="MON")
13          mon_x = random.randint(100, 924)                             │ 敵のx座標を乱数で変える
14          mon_y = random.randint(100, 580)                             │ 敵のy座標を乱数で変える
15          score = score + 100                                          │ スコアを増やす
16          cvs.update()                                                 ┘ 円を即座にキャンバスに描画
17
18  def text(x, y, t, siz, col): # 影付き文字の表示                        ┐影付き文字を表示する関数
19      F = ("System", siz)                                              │ フォントを定義
20      cvs.create_text(x+1, y+1, text=t, font=F, fill="black",          │ 文字列を黒で表示
        tag="TXT")                                                       │
21      cvs.create_text(x,   y,   text=t, font=F, fill=col,              │ 文字列を引数の色で表示
        tag="TXT")                                                       ┘
22
23  mon_x = 512                                                          敵のx座標を代入する変数
24  mon_y = 340                                                          敵のy座標を代入する変数
25  mon_vx = 20                                                          x軸方向の速さを代入する変数
26  score = 0                                                            スコアを代入する変数
27  time = 500                                                           タイムを代入する変数
28
29  def main(): # リアルタイム処理を行う                                    ┐リアルタイム処理を行う関数
30      global mon_x, mon_y, mon_vx, time                                │ 変数のグローバル宣言
31      mon_x = mon_x+mon_vx                                             │ 敵のx座標を変化させる
32      if mon_x>924: mon_vx = -20                                       │ 右端に達したらvxを-20に
33      if mon_x<100: mon_vx = 20                                        │ 左端に達したらvxを20に
34      cvs.delete("MON")                                                │ 敵を消す
35      cvs.create_image(mon_x, mon_y, image=monster, tag="MON")         │ 新たな位置に敵を表示
36      time = time-1                                                    │ タイムを減らす
37      cvs.delete("TXT")                                                │ 文字列を消す
38      text(200, 30, "SCORE "+str(score), 30, "white")                  │ スコアを表示
39      text(824, 30, "TIME "+str(time), 30, "yellow")                   │ タイムを表示
40      if time==0:                                                      │ タイムが0になったら
41          text(512, 240, "GAME OVER", 60, "red")                      │ GAME OVERと表示
42      if time>0:                                                       │ タイムがあるなら
43          root.after(50, main)                                        ┘ リアルタイム処理を続ける
44
45  root = tkinter.Tk()                                                  ウィンドウを作る
46  root.title("アクションゲーム")                                         タイトルを指定
47  root.resizable(False, False)                                        ウィンドウサイズ変更不可
48  cvs = tkinter.Canvas(width=1024, height=680)                        キャンバスを作る
49  cvs.pack()                                                          キャンバスを配置
50  cvs.bind("<Motion>", move)                                          マウス移動で働く関数を指定
51  cvs.bind("<Button>", click)                                         ﾎﾞﾀﾝｸﾘｯｸで働く関数を指定
52  bg = tkinter.PhotoImage(file="image/bg.png")                        変数に背景画像を読み込む
53  sword = tkinter.PhotoImage(file="image/sword.png")                  変数に剣の画像を読み込む
54  monster = tkinter.PhotoImage(file="image/monster.png")              変数に敵の画像を読み込む
55  cvs.create_image(512, 340, image=bg)                                キャンバスに背景を表示
56  main()                                                              main()関数を呼び出す
57  root.mainloop()                                                     ウィンドウの処理を開始
```

※前のプログラムの9〜11行目にあった print("Hit!") else: print("NG") を削除しました。
※30行目のグローバル宣言に time を追記しています。

実行画面 ▶ action_game.py

追加した処理について説明します。

》》》 敵を倒した演出を表示し、座標を乱数で変化させる

click( )関数に、いくつかの処理を追記しました。

```
08  def click(e): # 攻撃する
09      global mon_x, mon_y, score
10      if time==0: return
11      if mon_x-160<e.x and e.x<mon_x+160 and mon_y-160<e.y and e.y<mon_y+160:
12          cvs.create_oval(mon_x-150, mon_y-150, mon_x+150, mon_y+150, fill="gold",
    outline="red", width=50, tag="MON")
13          mon_x = random.randint(100, 924)
14          mon_y = random.randint(100, 580)
15          score = score + 100
16          cvs.update()
```

タイムが0になった後は、10行目のif文でクリックを受け付けなくしています。

敵を倒した演出として、12行目のcreate_oval( )で中が金色、周囲が赤の円を描き、16行目のcvs.update( )で、その円を即座にキャンバスに表示しています。キャンバスの部品に対してupdate( )を用いると、直前で呼び出した描画命令が即座に働いて画面が更新されます。

13〜14行目で敵の座標を乱数で変化させ、新たな位置に出現させています。randint(最小値, 最大値)は最小値から最大値までのいずれかの乱数を発生させる関数です。Pythonで乱数を使うには、2行目のようにrandomモジュールをインポートします。

Macで実行するときの注意点

Macではupdate( )をcreate_oval( )の後の13行目に記述すると、そこでclick( )関数が終了してゲームが正しく動作しないので、if文のブロックの最後の行にupdate( )を記述しています。ただしMacではupdate( )が行われるタイミングがWindowsパソコンと違って、この命令を呼んでも円による演出がほとんど表示されません。Windowsパソコンでは円が表示されますが、Python自体の動作タイミングによって描かれないことがあります。演出用の円が表示されなくてもゲームプレイに支障はありません。

》》》 影付き文字を表示する関数の定義

18〜21行目に影付き文字を表示するtext( )という関数を定義しました。

```
18   def text(x, y, t, siz, col): # 影付き文字の表示
19       F = ("System", siz)
20       cvs.create_text(x+1, y+1, text=t, font=F, fill="black", tag="TXT")
21       cvs.create_text(x,   y,   text=t, font=F, fill=col,     tag="TXT")
```

この関数は、文字列を表示するx座標、y座標、文字列、フォントの大きさ、色を引数で受け取ります。

19行目でフォントの種類と大きさを変数Fに代入しています。

20行目で(x+1, y+1)の位置に黒で文字列を表示し、21行目で(x, y)の位置に指定の色で文字列を表示しています。色の違う文字列を斜めにずらして表示して、影の付いた文字列にしています。

create_text( )にtag="TXT"という引数を記述しています。これは文字列だけを書き替えられるようにするためのもので、この後、説明します。

影付き文字の表示は、同様の関数を第5章の5-5節（P.120）で定義し、仕組みを図解しています。

》》》 スコアとタイムの表示について

スコアとタイムを、影付き文字を表示する関数で表示しています。

```
37       cvs.delete("TXT")
38       text(200, 30, "SCORE "+str(score), 30, "white")
39       text(824, 30, "TIME "+str(time), 30, "yellow")
```

キャンバス（ここではcvs）に対して用いる**delete( )**の引数にタグを与えると、そのタグの付いた文字列や画像を消すことができます。ここではcvs.delete("TXT")で、スコアとタイムを消してから新たな値のスコアとタイムを表示しています。古い数字を消してから書き直さないと、値が重なって表示されてしまいます。

38行目と39行目にある **str( )** は、数を文字列に変換する命令です。「SCORE」と文字列に変換したscoreの値を＋でつないだもの、「TIME」と文字列に変換したtimeの値を＋でつないだものを、text( )関数の引数としています。

》》》 残り時間があればリアルタイム処理を行う

main()関数に記述したif time==0でタイムが0になったかを判定し、タイムが無くなったらGAME OVERという文字列を表示しています。

また if time>0でタイムが残っているかを判定し、その間はリアルタイム処理を続けています。

```
40    if time==0:
41        text(512, 240, "GAME OVER", 60, "red")
42    if time>0:
43        root.after(50, main)
```

ゲームを改造しよう！

このコラムでは、アクションゲームの改造方法をお伝えします。

▪ キャラクターの動きを複雑にしよう

この章で完成させたゲームは敵のモンスターが横方向にだけ動きます。その計算にx座標を代入する変数と、x軸方向の速さ（1回の計算で動くピクセル数）を代入する変数を用いました。

これと同じ計算をy軸方向に対しても行うと、敵を上下や斜めに動かすことができます。次の図を使って、その計算方法を説明します。

図7-C-1　物体の座標と、x軸方向とy軸方向の速さを代入する変数

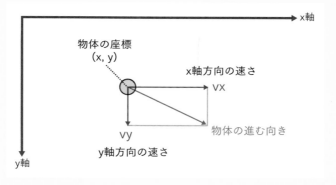

次ページへつづく

この図では、x軸方向の速さを代入する変数をvx、y軸方向の速さを代入する変数をvyとしています。x座標にx軸方向の速さ（vxの値）を加え、y座標にy軸方向の速さ（vyの値）を加えると、物体は図の赤線で示した向きに移動します。このときvxが0なら物体は上下にのみ移動し、vyが0なら左右にのみ移動します。

　x座標とy座標の計算を同時に行うことで、複雑な動きを表現できます。x座標とy座標を代入する変数、およびx軸方向とy軸方向の速さを代入する変数の合計4つの変数を用いて物体を動かす仕組みは、ゲーム内の物体を動かす最も基本的な計算方法になります。

▪ タイトル、ゲームプレイ、ゲームオーバーの3つのシーンを用意しよう

　ゲームソフトやゲームアプリを起動すると、一般的にタイトル画面が表示されます。タイトル画面でボタンを押したり画面をタップするとゲームが始まります。ゲーム内の目標を達成するとステージクリアなどの画面になり、敵にやられたりタイム切れでゲームオーバーになるとゲームオーバー画面になります。そのようにゲームが色々な画面に切り替わることを**画面遷移**といいます。

　画面遷移を行うには、どの処理を行うのかを管理する変数を用意します。

　例えば、sceneという変数を用意し、最初に「タイトル」という文字列を代入します。if scene=="タイトル"という条件分岐で、sceneの値が「タイトル」ならタイトル画面の処理を行います。

　タイトル画面でクリックしたりボタンを押したら、sceneの値を「プレイ」に変更します。if scene=="プレイ"という条件分岐で、ゲームをプレイする処理を行います。

　このように複数のif文を記述して、各画面の処理に分岐させることができます。

▪ ハイスコアの計算を入れよう

　この章で制作したゲームにはスコアの計算を入れました。それに加えてハイスコアを保持する変数を用意し、スコアがハイスコアを超えたらハイスコアを更新するようにしましょう。ハイスコアがあると、ゲームをプレイする人は、より高い点数を目指したくなるものです。

▪ 世界観を変えよう

　みなさんの好みの画像を生成AIで生成し、画像を差し替えましょう。次の図はImage Creatorで和風の世界観を持つゲーム画面を生成した例です。

次ページへつづく

図7-C-2　敵の忍者を倒すアクションゲーム

プロンプト

背景の城	日本の江戸時代の城を見上げた構図、夜、月明かり、アニメ風
敵の忍者	邪悪な忍者、全身図、ゲーム用のキャラクター、背景を白、アニメ風
剣（刀）	日本刀、ゲーム用のアイテム、背景無し

▪ 改造バージョンで遊ぼう

　「Chapter7」フォルダ内の「ninja_version」フォルダに、ここで説明した改造を加えたアクションゲームが入っています。改造バージョンをプレイしたら、そのプログラムを読み解いて技術力を伸ばしましょう。

　また、改造バージョンのプログラムを参考に、ぜひオリジナルゲームを制作してみましょう。

世界初のコンピューター ENIAC
<small>エ ニ ア ッ ク</small>

　世界で初めて作られたコンピューターが、今のコンピューターとどれほど違ったかを紹介します。

　世界初のコンピューターは、**ENIAC**（Electronic Numerical Integrator And Computer）と呼ばれます。ENIACは1940年代半ばにアメリカのペンシルベニア大学で開発されました。

　ENIACは、元々は砲弾の軌道計算を正確に行う軍事目的のために製造され、大きさも巨大で30トン近い重さがありました。集積回路（現在のコンピューター機器に使われる部品）はまだ発明されておらず、多数の真空管やダイオード、コンデンサなどで構成されていました。

　現代のような1人1台のコンピューターではなく、複数のオペレーター（機器や機械を操作する人）がENIACを操作する必要がありました。

　ENIACについての詳細や写真については、ウィキペディアなどで検索してみてください。

https://ja.wikipedia.org/wiki/ENIAC

この章では生成AIを使って物語の文章と絵を用意し、それらの素材を用いてビジュアルノベルを制作します。

ビジュアルノベルを作ろう

Chapter

ゲーム内容を考えよう

この章では、文章と画像を楽しむビジュアルノベルを作ります。
はじめに制作するゲームの内容を決めます。

》》》 ビジュアルノベルとは？

　　ビジュアルノベルはコンピューターやスマートフォンなどの電子デバイスで読む小説です。物語の進行に合わせて、それぞれの場面を描いた風景やキャラクターなどが表示されます。音による演出が入るビジュアルノベルもあります。グラフィックやサウンドを一緒に楽しむところが、文章だけを読む電子書籍と異なります。

　　ビジュアルノベルはゲーム的な要素を持つものが多く、よく採用されるシステムに、途中の選択肢によって物語が分岐し、結末が変わる仕様があります。ただし、ビジュアルノベルは仕様が決められているものではないので、作品ごとにさまざまな内容になっています。

　　本書では生成AIの使い方とプログラミングを学ぶ目的で、物語が分岐しないシンプルなビジュアルノベルを制作します。より本格的なビジュアルノベルを作りたい方のために、物語を分岐させる仕組みを章末のコラムで説明します。

》》》 この章で作るゲームの仕様

　　この章では、次のようなビジュアルノベルを制作します。

表8-1-1　この章で作るゲームの仕様

機能	・物語の文章、背景、キャラクターが表示される。 ・ボタンを押すと、次の文章や画像に切り替わる。
インターフェース	・文章と画像をウィンドウに表示する。 ・物語を進めるためのボタンを配置する。
データ	・物語の文章（文字列のデータ）。 ・各場面の背景とキャラクターの画像（PNG形式のファイル）。

図8-1-1　この章で作るゲームの画面構成

tkinterのCanvas( )命令で画像表示部、Message( )命令で文章表示部、Button( )命令でボタンを作ります。

生成AIでストーリーを作ろう

生成AIを用いて物語を作成するにはさまざまな方法が考えられます。
この節では、生成AIで物語を作る基本的な流れをお伝えします。

❯❯❯ この章で用いる物語のデータについて

　この節を参考に物語の文章や台詞を用意して、ビジュアルノベルに組み込みましょう。ただし、物語を作るには、文章量にもよりますが、一定の作業時間が必要です。すぐに学習を始めたい方は、本書サポートページからダウンロードできるzip内の「Chapter8」フォルダに「scenario.txt」というファイル名の物語のデータが入っているので、それを使うことができます。8-8節でビジュアルノベルを完成させるときに、「scenario.txt」の文章をプログラムに組み込みます。

❯❯❯ 物語の作り方は無数にある

　文章生成AIを用いた物語作成の概要から説明します。

❶ 物語を作るのが苦手な方や、物語のアイデアが出ない方

　生成AIと対話しながら、一から物語を作ることができます。例えば「ビジュアルノベルを作りたいが、どのような物語がよいか？」などの質問をChatGPTやBardなどに入力するところから始めます。AIは定番ジャンルの概要などを教えてくれるので、好みのものを選び、さらに質問をするなどして大まかな設計を考えましょう。設定を決めた後の物語作りの流れは、次項を参考にしてください。

❷ 自分好みの物語を作りたいが、文章力に自信がない方

　自分で考えたアイデアを元に、文章作りに生成AIを利用できます。その場合、作りたい物語のジャンルや大まかな内容をAIに伝え、どのようなストーリー展開がよいかなどの助言をもらいます。物語の文章自体を出力させることもできます。詳細は次項を参考にしてください。

❸ 物語作りが得意な方

　ご自身で物語を創作できる方は、もちろんAIの力を借りずに、自分で文章を作っていただいてかまいません。ただし物語作りが得意な方でも、アイデアの追加やブラッシュアップに生成AIを活用できます。例えばある場面を描く表現に自分で納得がいかないとき、他にどのような言葉でその場面を表現したり、形容できるかをAIに尋ねることができます。

また、自分で物語を書くとき、その内容を生成AIに評価させることができます。本格的に執筆する前に粗筋を生成AIに伝え、その評価を受けるとよいでしょう。

例えば「次の物語の概要を評価し、改善点があれば教えてください。」に続けて粗筋を入力し、自分のアイデアについてChatGPTやBardに意見を求めるのです。これにより、物語の骨子が優れているか、どのように改善できるかについての助言を得ることができます。

❯❯❯ 文章生成AIで物語を作る流れ

生成AIを利用して物語を作る流れをお伝えします。

❶ 大まかな設定（ジャンル、場所、時代など）を生成AIに伝え、
いくつかアイデアを出させる。

↓

❷ 候補の中から自分の好みの内容を選ぶ。

↓

❸ 用意する場面の数や内容などの詳細を生成AIに伝え、
各場面の文章や台詞を用意する。

↓

❹ 最終的な文章の整形は自分で行う（例：内容の要約、台詞の口調の修正等）

ゲーム画面に表示できる文字数には限りがあるので、プログラムに組み込む最終的なテキストデータは、文章量や改行位置などを人間の手で調整します。

台詞の口調をAIに整えさせることもできます。P.202以降で詳しく説明します。

なお、ネット上では、ChatGPTに数個のキーワードを与えるだけで小説を生成する方法などが解説されていますが、本書では創作の楽しみを味わいながら生成AIの活用法を学ぶことを目的として、ビジュアルノベルのシナリオの作成例をお伝えします。

⟫⟫ ビジュアルノベルのシナリオ作成例

ChatGPTを用いて行った、ビジュアルノベルのシナリオ作成の流れをお伝えします。
同様の作業を、Bardなどの他の文章生成AIで行うこともできます。

❶筆者はまず、行う作業内容をChatGPTに伝えました。Youが筆者の入力した内容です。

> **You**
> 高校が舞台のビジュアルノベルを作ろうと思います。ビジュアルノベル作りの概要を説明してください。

> **ChatGPT**
> ビジュアルノベル（Visual Novel）は、物語やキャラクターが視覚的な要素と共に進展するインタラクティブなデジタルメディアの一形態です。高校を舞台にするビジュアルノベルを制作する際に考慮するべき一般的な要素は以下の通りです。
>
> ストーリーの構築：
> ・登場人物：主人公やサブキャラクターたちの性格や背景を決定しましょう。
> ・テーマ：物語のテーマ性を設定し、どんなメッセージや感情を伝えたいかを考えましょう。
> ・プロット：物語の進行を構築し、どのように登場人物たちが変化していくかを計画します。
>
> 美術デザイン：
> ・キャラクターデザイン：主要なキャラクターたちの外見や服装をデザインします。
> ・背景デザイン：物語の舞台となる場所やシーンの背景を描きます。
> ・イベントCG：物語の重要な瞬間や選択肢におけるイラストを用意します。
>
> 音楽と効果音：
> ・BGM（Background Music）：物語の雰囲気に合った音楽を選定します。
> ・効果音：キャラクターのセリフや状況に応じて効果音を配置します。
>
> プログラミング：
> ・エンジンの選定：ビジュアルノベルエンジンを選び、それを使用してストーリーの進行や選択肢の実装を行います。
> ・スクリプトの作成：物語やキャラクターのセリフ、選択肢などをプログラムで書きます。
>
> 選択肢と分岐：
> ・プレイヤーに意思決定をさせるための選択肢を用意します。
> ・選択肢によって物語が分岐するように設計します。

次ページへつづく

テストとフィードバック：
・テストプレイ：ビジュアルノベル全体をプレイしてバグや不具合を修正します。
・フィードバック収集：友達やテスターにプレイしてもらい、改善点や意見を収集します。

リリースと宣伝：
・ビジュアルノベルを公開するプラットフォームを選定し、リリースします。
・ソーシャルメディアやコミュニティでの宣伝を行い、多くの人にプレイしてもらいます。

以上が、ビジュアルノベル制作の基本的な手順です。舞台を高校に設定することで、日常生活や友情、恋愛などの要素を組み込むことができ、多くのプレイヤーに共感を呼び起こすことが期待できます。

❷ ビジュアルノベルの制作において参考になる情報が出力されました。

続いて、筆者は登場人物とテーマを決め、その情報をAIに伝え、物語の候補を出力させました。

> **You**
>
> 幼なじみの男子生徒と女子生徒が同じ高校に入学する設定にします。候補となる粗筋を3つ、それぞれ50字程度で作ってください。

> **ChatGPT**
>
> 1. タイトル:『星降る夜の約束』
> 幼なじみの男子・悠と女子・美羽が高校入学。星降る夜に誓った約束を果たすべく、成長と友情を描きつつ、新たな運命への第一歩を踏み出す。
>
> 2. タイトル:『桜色の絆』
> 桜の花が咲く高校で再会した幼なじみ・悠斗と彩香。友情、夢、そしてひと夏の思い出。桜の下で織り成す成長と恋愛模様を描く。
>
> 3. タイトル:『笑顔のシンフォニー』
> 幼なじみの男子・和也と女子・葵が音楽専門高校に入学。音楽と友情の中で成長し、共に歩む未来へ向けて奏でる笑顔のシンフォニー。

※出力内容が気に入らなければ「さらに3つのアイデアを出してください。」などと入力して、追加のアイデアを生成しましょう。思う存分、指示を出せるところがAIの便利さの1つです。

❸筆者は1の『星降る夜の約束』が気に入りました。また3にある音楽もテーマにしたいと思いました。内容を具体化しようと、自分のアイデアを添えて、次のように入力しました。

> **You**
>
> 男子生徒がスポーツか勉学に、女子生徒が音楽に打ち込む学生生活にします。夏の夜に交わした約束を実現する話を希望します。物語の候補を2つ、各100字程度でお願いします。

> **ChatGPT**
>
> 1.タイトル：『煌めくメロディ』
> 夏の夜、勉学に打ち込む幼なじみ・悠斗と音楽への情熱を抱く彩香。高校での再会をきっかけに、彼らは互いの夢を支えながら、夢の舞台で煌めくメロディを奏でる成長と約束の物語。
>
> 2.タイトル：『熱き闘志、美しき調べ』
> スポーツに情熱を燃やす幼なじみ・和也と音楽への愛情を秘める葵。高校での新たなステージで、彼らはそれぞれの夢を追い求めながらも、夏の夜に交わした約束を美しく実現する熱き闘志の物語。

❹ChatGPTの出力が漠然とした内容なので、もっと詳しい話を出力させようと、さらに自分のアイデアを加えて次のように入力しました。

> **You**
>
> 小学校まで一緒だった男女が、別の中学校に進み、高校で再会したことにします。男子生徒は勉強かスポーツかで迷っており、女子生徒は音楽の道に進むと決めています。この設定を元に、物語の候補を2つ、各100字程度でお願いします。

> **ChatGPT**
>
> 1.タイトル：『星の響き』
> 別れた中学時代、進路に悩む幼なじみ・悠と音楽への情熱を抱く美羽。高校で再会し、悠は勉学とスポーツの葛藤に、美羽は音楽の夢に向き合いながら、星の下で交わした夢を追い求め、心の調べを奏でる感動の物語。
>
> 2.タイトル：『未来のメロディ』
> 中学での別れを経て再会した和也と葵。和也は勉学とスポーツの間で揺れ動き、一方の葵は音楽の世界に没頭。互いの夢を尊重しながら成長し、高校の舞台で交わる未来のメロディを奏でる、友情と夢の物語。

❺ これも内容が漠然としているのは、筆者の指示が適切でないためと思い、次のように入力して具体的な粗筋を求めました。

> **You**
>
> 高校で再会した二人が協力して何かを成し遂げるようにしたいです。起承転結のある内容で、２００字程度の粗筋を出力してください。

> **ChatGPT**
>
> 粗筋：
> 起：
> 　中学で離れ離れになった幼なじみ・悠と美羽。高校で再会し、それぞれの進路に迷いながらも、共通の目標を見つける。校内で行われる大きな文化祭に参加し、何かを成し遂げることを決意する。
> 承：
> 　悠は学業に励みつつ、美羽は音楽部で才能を発揮。文化祭の企画として、悠がスポーツと学業をテーマにした展示、美羽が音楽部の演奏を組み合わせたパフォーマンスを考案。協力し合いながら、イベントの成功を目指す。
> 転：
> 　悠と美羽の協力により、文化祭の出し物は評判となり、多くの生徒や来場者に感動を与える。二人は自らの進路を決意し、未来への希望と自信を得る。彼らの努力が周囲に良い影響を与え、絆を深めていく。
> 結：
> 　文化祭後、悠と美羽はそれぞれの進路を歩み始める。彼らの努力が実り、互いの夢への応援と共に、新たな挑戦への一歩を踏み出す。友情と成長が紡ぐ、心温まる結末が物語を締めくくる。

❻ これで物語の概要がわかるようになりました。筆者は文化祭で協力する、出し物が評判になるなどのアイデアが気に入りました。ただ、この粗筋は文化祭に焦点が当たり過ぎていると思いました。また、高校生活で季節の移り変わりを感じる物語にしたいと思いました。そこで次のように入力し、新たな粗筋を出力させました。

> **You**
>
> 文化祭で協力して成功を目指すというアイデアが気に入りました。ただし、起承転結の流れを春夏秋冬の季節の移り変わりを通して描きたいです。２００字程度の粗筋を出力してください。

> **ChatGPT**
>
> 春：
> 中学で離れ離れになった幼なじみ・悠と美羽。春、高校で再会。新しい始まりを感じながらも進路に悩む二人。文化祭への参加を機に、友情を深める。

夏：
熱い夏。悠は学業と陸上部、美羽は音楽部に励む。協力し合い、文化祭の出し物を企画。夏の熱気と情熱が、二人の挑戦を後押しする。
秋：
彩り豊かな秋。悠と美羽、それぞれの領域で成果を上げる。文化祭の準備が進む中、互いの強みを活かして協力することの大切さに気づく。
冬：
寒さが厳しさを増す冬。文化祭が開催され、悠と美羽の協力が実り、感動を与える。冬の寒さを乗り越え、二人の友情と成長が輝く結末へと続く。

　筆者の希望する話に近づきました。ただし、春の項目にある「文化祭への参加を機に、友情を深める。」という一文が気になりました。「春の時点で二人が文化祭への参加を決め、友情を深めていく」と解釈すれば納得できますが、この文はすでに文化祭に参加したともとれます。生成AIは創作においても不適切な文章を生成することがあります。ハルシネーションに類するもので、私たちが生成AIを使用する際に注意すべきものです。

　注意点はあるものの、AIの力を借りることで、筆者はアイデアを膨らませることができ、完成させたいシナリオの概要を順調に決めることができました。

❼ 台詞作りに入ります。どのような台詞が出力されるのかを期待し、次のように入力しました。

You

春の授業の初日に幼馴染の二人が学校で再会するところから物語を始めます。男子生徒と女子生徒の簡潔な会話文を用意してください。言葉の掛け合いを１０回以内にしてください。

ChatGPT

悠　：「おはよう、美羽。久しぶりだね。」
美羽：「おはよう、悠。ほんとに、何年ぶりかしら。」
悠　：「新しい学校、どうだい？」
美羽：「慣れるのは少し時間かかるけど、楽しいわ。悠はどう？」
悠　：「まあ、なんとか。勉強が厳しいな。」
美羽：「でも、春って新しいことの始まりだから、何か新しいこと始めるのもいいんじゃない？」
悠　：「確かにな。そういえば、昔の夏休みの約束、覚えてる？」
美羽：「ああ、星降る夜の。もちろん覚えてるよ。」
悠　：「その夢、一緒に追いかけようって思ってんだ。」
美羽：「いいアイデアね。一緒に頑張ろう。」
悠　：「よし、これからもよろしく頼むよ、美羽。」
美羽：「こちらこそ、悠。一緒に成し遂げようね。」

❽台詞は出力されましたが、何年かぶりに再会したティーンエイジャーが交わす言葉として違和感があります。授業の初日なのに、すでに高校に通っている会話内容であるなどの、おかしな点もあります。言葉の掛け合いの回数の指示が守られていないのも気になります。ただし、これは筆者の伝え方が悪かったと考え、次のように入力して台詞を出力し直しました。

You

もう一度、設定を伝えます。悠と美羽は幼馴染ですが、別々の中学校に進み、高校で再会します。今日は高校一年生の授業が始まる初日です。二人は学校の校門でばったり顔を合わせます。３年ぶりに会い、互いに驚いています。その時の台詞を作って下さい。言葉の掛け合いを１０回以内にしてください。

ChatGPT

悠：「お、美羽？まさかここで再会するなんて…。」
美羽：「悠っ！えっ、まさか…３年ぶりじゃない？」
悠：「そうだよ。中学から全然連絡とらなくてごめん。」
美羽：「いやいや、私もだから。でもすごいね、同じ高校に入ってたなんて。」
悠：「ほんとに驚いたよ。新しい制服も似合ってるね。」
美羽：「ありがとう。悠の制服もなんか格好良くなったね。」
悠：「えっ、そ、そうかな…。」
美羽：「それより、今日からの授業楽しみだね。」
悠：「うん、一緒に頑張ろう。」
美羽：「ええ、一緒にね。これからもよろしくね、悠。」
悠：「こちらこそ、美羽。」

　設定に合う台詞に近付きました。さらに詳細を指示することで、より場面に合った台詞を出力させることができます。

》》》 口調も指示できる

　物語を構築する際に、登場人物に個性を持たせることが大切です。キャラクターの台詞においても、「丁寧語」や「ざっくばらんな口調」といった指示をAIに与えることで、それぞれのキャラクターにふさわしい言葉を生み出すことが可能です。

口調を指示して台詞を作る例

❶ビジネスの場で会った二人の若手社員の会話例を、丁寧語で作ってください。
❷同様の会話を、二人は仲の良い同期の社員という設定で、ざっくばらんな口調で作ってください。

台詞作りの参考のために、❶と❷を1つずつ順にChatGPTやBardに入力して、出力結果を比較してみましょう。AIが指示通りの会話を生成することがわかります。

　筆者は、さらに次のように入力してみました。

> ❸先輩女性社員はため口で、後輩男性社員はおっとりとした口調で、会話例を作ってください。

　ChatGPTは指示通りの台詞を出力しましたが、本書執筆時点では、Bardは「私は大規模言語モデルとしてまだ学習中です。そちらについては、理解して対応できる機能がないため、すみませんがお手伝いできません。」と返答し、台詞は生成されませんでした。

》》》 生成AIを上手に活用し、労力を減らし、作業を楽しむ

　文章生成AIは台詞作りにも力を発揮します。しかしながら筆者は、生成AIが出力した台詞を読んで、それらがまだ人間が作る台詞には及ばないと感じました。数多くの小説や漫画を読み、多数の映画やアニメを鑑賞し、ストーリーのあるゲームをプレイしてきた筆者は、生成AIの台詞に100％の満足感は得られなかったのです。そして生成AIが出力したものより、良い台詞を自分で作りたいという欲求が湧きました。

　そこで、生成AIで出力した文章を参考にして、自分で台詞を編集・修正する形で作業を進めました。登場人物の名前も自ら決めました。この方法によりアイデアに行き詰まることなく、必要なときに生成AIに助言を求めながら、自分の発想を形にする楽しみを味わうことができました。この過程を通して、筆者自身、改めて生成AIの有効性を見出しました。

　以上のような流れで、ビジュアルノベルのシナリオを創作しました。完成した物語のテキストデータを8-8節でプログラムに組み込みます。物語の内容は8-8節で確認できます。

ビジュアルノベルを作ろう

生成AIで画像を作ろう

この節では、生成AIを使ってビジュアルノベル用の画像を制作します。

》》》 画像生成AIで背景を作ろう

　この章で作るビジュアルノベルは高校を舞台とした物語で、春、夏、秋、冬の4つのシーンを用意します。Image Creatorで画像を生成した例を掲載します。

　Image Creatorは日本語でプロンプトを入力できますが、他の画像生成AIは英語で入力しないと適切な画像を生成できないものが多いので、その場合はGoogle翻訳などを利用しましょう。

図8-3-1　Image Creatorで生成した背景とプロンプトの例

春	夏
高校、近代的な校舎、春、アニメ風	静かな神社の境内、夏祭りの夜、まばらな人影、アニメ風

秋	冬
学校の体育館、花火を映した大きなプロジェクター、軽音学部のメンバー、観客の学生、アニメ風	雪の降った日、静かな校庭、アニメ風

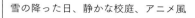

画像の大きさとファイル形式について

Image Creatorでは、1024×1024ピクセルのJPEG形式（あるいはJFIF形式）で画像が生成されます。この章で用いる背景画像は、グラフィックツールで**幅640ピクセル、高さ640ピクセルの大きさに縮小し、PNG形式に変更します**。画像の加工方法は第1章で説明しているので、そちらを参考にしましょう。

背景画像は次のファイル名で保存します。

表8-3-1　この章のゲームに用いる画像の大きさとファイル名

画像	ファイル名
春	spring.png
夏	summer.png
秋	autumn.png
冬	winter.png

生成AIで不要なものを削除する

生成AIで作った画像に不要なものが含まれることがあります。その場合、プロンプトを変えて希望通りの画像ができるまで生成を繰り返す以外に、Playground AIなどの機能を使って不要なものを削除できます。

次の図はImage Creatorで生成した花火の風景画から、Playground AIを使って中央の人物を消した例です。Playground AIで画像の一部を削除する方法は第6章で説明しています。

図8-3-2　不要なものを除去した例

　なお、AIは必ずしも万能ではなく、正しく消せなかったり、消した後に描かれた部分が期待したイメージにならないことがあります。

≫≫ 画像生成AIでヒロインを作ろう

　この章で作るビジュアルノベルは男子生徒と女子生徒の物語とします。人物の画像はヒロイン役の女子生徒だけを用います。Image Creatorでその画像を作る例を掲載します。

図8-3-3　Image Creatorで生成したヒロインとプロンプトの例

入力したプロンプトと生成された画像
女子高校生、ショートヘア、笑顔、肖像画、背景を白、アニメ風

背景の上に女子生徒の画像を重ねて表示するので、**人物のバックを透明にします。**

画像生成AIで人物を生成するとき、「背景無し」や「背景を白」などのキーワードを入れても、背景が描かれることがあります。背景はペイントツールで除去できるので、第1章の1-4節を参考に画像を加工しましょう。

　女子生徒の画像は高さ500〜600ピクセル程度に縮小し、PNG形式で「girl.png」というファイル名で保存します。

好みのキャラクターを生成しよう

　人物画を生成するキーワードを工夫して、自分の好みのキャラクターを生成しましょう。例えば眼鏡をかけた人物にしたいなら、**「眼鏡」**というキーワードを加えます。髪型は**「ショートヘア」「ロングヘア」「ポニーテール」**などのキーワードで指定できます。

　顔の表情もキーワードによって変えることができます。プロンプトを変えて生成したキャラクターの例を掲載します。

図8-3-4　色々なキャラクターを生成できる

入力したプロンプトと生成された画像

女子高校生、ポニーテール、眼鏡、微笑み、肖像画、背景を白、アニメ風

画像ファイルを作業フォルダに配置しよう

　使用する画像ファイルは、次の節から入力するプログラムを保存するフォルダ内に「image」という名称のフォルダを作り、その中に入れてください。画像を適切な位置に配置しないと、プログラムで読み込めないので注意しましょう。

> 本書で用いる全ての素材を本書サポートページで配布しています。それを使って学習を進めることができます。ダウンロード方法をP.8で説明しています。

画面構成をプログラミングしよう

ビジュアルノベルのプログラミングに入ります。はじめにウィンドウを作り、画像を表示するキャンバス（Canvas）、文章を表示するメッセージ（Message）、物語を進めるためのボタン（Button）を配置します。

ボタンで背景色が変わるようにしよう

この章で作るビジュアルノベルは8-1節で決めた仕様の通り、キャンバスに画像を表示し、メッセージに文章を表示し、ボタンで物語を進めます。

ここではウィンドウにキャンバス、メッセージ、ボタンを配置します。また、ボタンの動作を確認するために、ボタンを押すとキャンバスの背景色が変わる処理を組み込みます。

キャンバス、メッセージ、ボタンを配置するプログラム

プログラムのファイル名は、第8章の第1段階目の組み込みということでstep8_1.pyとします。次節以降もstep8_*.pyというファイル名で、順に処理を組み込んでいきます。

次のプログラムを入力して動作を確認しましょう。

コード▶Chapter8➡step8_1.py ⬇

```python
01  import tkinter                                                    tkinterをインポート
02
03  def button(): # ボタンを押した時の処理                              ボタンで働く関数
04      cvs["bg"] = "black"                                          キャンバスを黒くする
05
06  root = tkinter.Tk()                                              ウィンドウを作る
07  root.geometry("960x640")                                        ウィンドウの大きさを指定
08  root.title("ビジュアルノベル")                                      タイトルを指定
09  root.resizable(False, False)                                    ウィンドウサイズ変更不可
10  cvs = tkinter.Canvas(width=640, height=640, bg="white")         キャンバスを作る
11  cvs.place(x=0, y=0)                                             キャンバスを配置
12  F = ("Times New Roman",12)                                      フォントの定義をFに代入
13  mes = tkinter.Message(bg="white", width=300, font=F,            メッセージを作る
    anchor=tkinter.NW)
14  mes.place(x=650, y=10, width=300, height=200)                   メッセージを配置
15  but = tkinter.Button(text="スタート", font=F, command=button)     ボタンを作る
16  but.place(x=820, y=580, width=120)                              ボタンを配置
17  root.mainloop()                                                 ウィンドウの処理を開始
```

※13行目のMessage()の引数のanchor=tkinter.NWはメッセージに表示する文章を左上の角に寄せる指定で、これを入れると、メッセージ内の左上角から文章が表示されます。

実行画面▶step8_1.py ⬇

ボタンを押すとキャンバスが黒くなります。

　これまで学んだ通り、tkinterでウィンドウを作り、キャンバス、メッセージ、ボタンを配置しています。このプログラムではplace()で座標を指定して、各部品を配置しています。
　メッセージの生成と配置について説明します。
　Message()の引数のwidth=で幅を指定して部品を作っています。また、place()のwidth=とheight=でウィンドウに配置するときに、メッセージの大きさを指定しています。このようにして配置すると、メッセージの全体に文字列を表示できます。
　Message()の引数のanchor=で、文字列をメッセージ内のどこに表示するかを指定できます。指定値にはtkinter.CENTER（中央）、tkinter.N（北＝上）、tkinter.S（南＝下）、tkinter.W（西＝左）、tkinter.E（東＝右）、tkinter.NW（左上）、tkinter.NE（右上）、tkinter.SW（左下）、tkinter.SE（右下）があります。このプログラムでは左上角から文字列が表示されるように指定しています。

ボタンを押したら画像を表示しよう

この節では、ボタンを押したときに背景画像が表示されるようにします。

複数の画像を配列に読み込もう

第3章で配列（Pythonのリスト）の使い方を学びました。複数のデータを効率よく扱うために用いる、番号を付けた変数が配列です。

Pythonの配列には画像を読み込むことができます。 この章で作るビジュアルノベルは複数の背景を用いるので、画像を効率よく扱うために、それらを配列に読み込みます。

ボタンを押したら画像を表示するプログラム

配列に画像を読み込む処理と、ボタンを押したときに画像を表示する処理を追加します。
前のプログラムにマーカー部分を追記して、動作を確認しましょう。

コード▶Chapter8➡step8_2.py 🔽 ※前のプログラムからの追加・変更箇所にマーカーを引いています

```
01  import tkinter                                                    tkinterをインポート
02
03  def button(): # ボタンを押した時の処理                              ボタンを押すと働く関数
04      cvs.create_image(320, 320, image=BG[0])                       背景画像を表示する
05
06  root = tkinter.Tk()                                              ウィンドウを作る
07  root.geometry("960x640")                                         ウィンドウの大きさを指定
08  root.title("ビジュアルノベル")                                      タイトルを指定
09  root.resizable(False, False)                                     ウィンドウサイズ変更不可
10  cvs = tkinter.Canvas(width=640, height=640, bg="white")          キャンバスを作る
11  cvs.place(x=0, y=0)                                              キャンバスを配置
12  F = ("Times New Roman",12)                                       フォントの定義をFに代入
13  mes = tkinter.Message(bg="white", width=300, font=F,             メッセージを作る
    anchor=tkinter.NW)
14  mes.place(x=650, y=10, width=300, height=200)                    メッセージを配置
15  but = tkinter.Button(text="スタート", font=F, command=button)      ボタンを作る
16  but.place(x=820, y=580, width=120)                              ボタンを配置
17  BG = [                                                          ┐背景画像の読み込み
18      tkinter.PhotoImage(file="image/spring.png"),                │
19      tkinter.PhotoImage(file="image/summer.png"),                │
20      tkinter.PhotoImage(file="image/autumn.png"),                │
21      tkinter.PhotoImage(file="image/winter.png")                 │
22  ]                                                               ┘
23  root.mainloop()                                                 ウィンドウの処理を開始
```

※前のプログラムの4行目にあったキャンバスの背景色を変える記述を削除し、画像を表示するcreate_image()を記述しました。

実行画面▶step8_2.py ⬇ ※ボタンを押すと春の画像が表示されます

17〜22行目でBGという配列に背景画像を読み込んでいます。

表8-5-1 配列に読み込む画像ファイル

配列の要素	BG[0]	BG[1]	BG[2]	BG[3]
ファイル名	spring.png	summer.png	autumn.png	winter.png

ボタンを押したときに働くbutton( )関数に、画像を表示するcreate_image( )命令を記述しました。

```
03   def button(): # ボタンを押した時の処理
04       cvs.create_image(320, 320, image=BG[0])
```

create_image( )はキャンバスの変数に対して用いる命令です。座標の引数は、画像の中心になることに注意しましょう。例えばcvs.create_image(0, 0, image=BG[0])とすると、画像の中心がキャンバスの左上角になるので、画像が一部しか表示されません。

4行目のimage=BG[0]の[ ]の値を1から3に変更し、表示される背景が変わることを確認しましょう。例えばcvs.create_image(320, 320, image=bg[3])とすると、ボタンを押したときに冬の画像が表示されます。

ボタンを押すと文章が進むように しよう

この節では、ボタンを押すと文章が次の内容に切り替わるようにします。

≫≫ 物語の文章を配列に代入しよう

物語の文章は複数の行からなります。それらのデータを効率よく扱うために、配列（Python のリスト）を用います。ここでは動作確認のために仮のテキストデータを配列に代入し、ボタンを押すと文章が切り替わるようにします。8-8 節で完成させるときに本番用の文章に差し替えます。

≫≫ どの文章を表示するかを変数で管理しよう

ボタンを押すと次の文章に進むようにするには、表示する文章の番号（配列の添え字）を代入する変数を用意します。その変数名を progress とします。progress 変数を用いて、次の仕組みで文章が切り替わるようにします。

❶文章を代入した配列を用意する

```
SCENARIO = [
    "おはよう",
    "こんにちは",
    "こんばんは",
    "end"
]
```

ここでは仮のテキストとします。このように記述すると、SCENARIO[0] の中身が「**お はよう**」、SCENARIO[1] の中身が「**こんにちは**」、SCENARIO[2] の中身が「**こんばんは**」、SCENARIO[3] の中身が「end」になります。

❷どの文章を表示するかを変数で管理する

・progress という変数に 0 を代入する。
・ボタンを押したときに mes["text"]=SCENARIO[progress] でメッセージに文章を表示する。
・progress の値を 1 増やす。

はじめにボタンを押すと SCENERIO[0] の文章が表示されます。そして、progress の値は 1 になります。

次にボタンを押すと SCENERIO[1] の文章が表示され、progress は 2 になります。さらにボタンを押すと SCENERIO[2] が表示され、progress は 3 になります。

この仕組みにより、ボタンを押すたびに次の文章に切り替えることができます。ただし、ここではSCENARIO[0]〜[3]の箱（要素）を用いるので、progressが4になったときにSCENARIO[progress]を表示しようとすると、その箱は存在しないのでエラーになります。

エラーが発生しないようにif文を記述します。どう記述するかはプログラムの動作確認後に説明します。

≫≫ ボタンを押すと文章が切り替わるプログラム

表示する文章の番号を管理する変数、文章を定義した配列、ボタンを押したらメッセージに文章を表示する処理を組み込んだプログラムを確認します。前のプログラムにマーカー部分を追記して実行し、ボタンを押して動作を確認しましょう。

コード▶Chapter8➡step8_3.py ⬇ ※前のプログラムからの追加・変更箇所にマーカーを引いています

```
01  import tkinter                                          tkinterをインポート
02
03  def button(): # ボタンを押した時の処理                      ボタンを押すと働く関数
04      global progress                                      変数のグローバル宣言
05      cvs.create_image(320, 320, image=BG[0])              背景画像を表示する
06      if progress==0:                                      progressが0なら
07          but["text"] = "次へ"                              ボタンに「次へ」と表示
08      if SCENARIO[progress]=="end":                        データの終わりなら
09          return                                           ここで処理を抜ける
10      mes["text"] = SCENARIO[progress]                     メッセージに文章を表示
11      progress = progress + 1                              progressを1増やす
12
13  root = tkinter.Tk()                                      ウィンドウを作る
14  root.geometry("960x640")                                 ウィンドウの大きさを指定
15  root.title("ビジュアルノベル")                              タイトルを指定
16  root.resizable(False, False)                             ウィンドウサイズ変更不可
17  cvs = tkinter.Canvas(width=640, height=640, bg="white")  キャンバスを作る
18  cvs.place(x=0, y=0)                                      キャンバスを配置
19  F = ("Times New Roman",12)                               フォントの定義をFに代入
20  mes = tkinter.Message(bg="white", width=300, font=F,     メッセージを作る
    anchor=tkinter.NW)
21  mes.place(x=650, y=10, width=300, height=200)            メッセージを配置
22  but = tkinter.Button(text="スタート", font=F, command=button) ボタンを作る
23  but.place(x=820, y=580, width=120)                       ボタンを配置
24  BG = [                                                   ┬背景画像の読み込み
25      tkinter.PhotoImage(file="image/spring.png"),         │
26      tkinter.PhotoImage(file="image/summer.png"),         │
27      tkinter.PhotoImage(file="image/autumn.png"),         │
28      tkinter.PhotoImage(file="image/winter.png")          │
29  ]                                                        ┘
30  progress = 0 # 物語の進行を管理する変数                      progressに0を代入
31  SCENARIO = [ # 仮のデータ                                  ┬物語のテキストデータ
32      "おはよう",                                            │
33      "こんにちは",                                          │
34      "こんばんは",                                          │
35      "end"                                                │
36  ]                                                        ┘
37  root.mainloop()                                          ウィンドウの処理を開始
```

実行画面▶step8_3.py ⬇

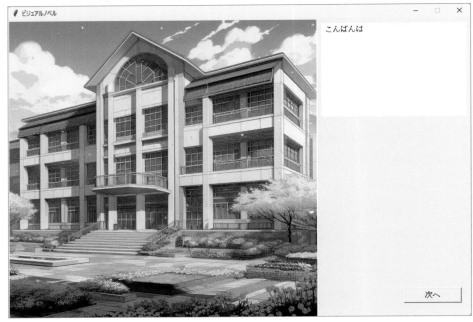

　ボタンを押すと、メッセージに「**おはよう**」「**こんにちは**」「**こんばんは**」と順に表示されます。

　起動直後のボタンには「**スタート**」と表示されていますが、ボタンを押すと「**次へ**」に変わる処理も加えています。

　30行目でprogressという変数を初期値0で宣言しています。

　31～36行目の配列でテキストデータを定義しています。配列の最後のデータを「end」としています。これは、ボタンを押してもendまでしか文章が進まないようにする処理で用いています。

≫≫≫ ボタンを押したときに働く関数

　ボタンを押したときに働くbutton()関数を抜き出して確認します。

```
03  def button(): # ボタンを押した時の処理
04      global progress
05      cvs.create_image(320, 320, image=BG[0])
06      if progress==0:
07          but["text"] = "次へ"
08      if SCENARIO[progress]=="end":
09          return
10      mes["text"] = SCENARIO[progress]
11      progress = progress + 1
```

progressは関数の外で宣言したグローバル変数です。**Pythonではグローバル変数の値を関数内で変更するとき、globalという予約語を使ってグローバル宣言する決まりがあります**。4行目にグローバル宣言を記述しています。

　6〜7行目のif文で、最初にボタンを押したときに、ボタンの文字を「次へ」に変更しています。

　8〜9行目で、表示する文章が最後まで進んだらreturnで関数を抜け、10〜11行目の処理を行わないようにしています。このif文を記述せずにボタンを繰り返して押すと、存在しないデータ（配列の要素）にアクセスしようとしてエラーが発生します。

　10行目でメッセージに文章を表示しています。これは「メッセージ（mes）のテキスト（text）をSCENERIO[progress]にせよ」という意味です。

　11行目でprogressの値を1増やしています。

背景画像を切り替えよう

この節では、背景画像を切り替える処理を組み込みます。

》》》 背景画像を切り替えるコマンドを用意しよう

物語の進行に応じて画像を切り替えるには、さまざまなプログラミングの仕方が考えられます。このビジュアルノベルは、次のような簡単な仕組みで画像を切り替えます。

❶物語がどこまで進んだかを管理する変数を用意する（前の節で組み込み済み）。
❷テキストデータに、背景画像を変更するコマンドを追加する。
❸テキストデータを参照する際、そのコマンドがあれば背景画像を表示する。

❶の変数は、前節で組み込んだprogressを用います。
❷のコマンドとして、次の文字列をテキストデータ（SCENARIO[ ]の中）に記述します。

表8-7-1　背景画像を表示するコマンド

コマンド	表示する背景
img_spring	春
img_summer	夏
img_autumn	秋
img_winter	冬

コマンドは独自の名称でかまいません。ここではわかりやすいように画像（image）の英単語の略語＋季節の英単語とします。

背景画像を切り替えるプログラム

ボタンを押すと画像が切り替わるプログラムを確認します。前のプログラムにマーカー部分を追記して実行し、動作を確認しましょう。

ボタンを押すたびに、「**春→夏→秋→冬**」と背景が切り替わります。

コード ▶ Chapter8➡step8_4.py ⬇ ※前のプログラムからの追加・変更箇所にマーカーを引いています

```python
01  import tkinter
02
03  def button(): # ボタンを押した時の処理
04      global progress
05      if progress==0:
06          but["text"] = "次へ"
07      if SCENARIO[progress]=="end":
08          return
09      bg_change = -1
10      if SCENARIO[progress]=="img_spring": bg_change = 0
11      if SCENARIO[progress]=="img_summer": bg_change = 1
12      if SCENARIO[progress]=="img_autumn": bg_change = 2
13      if SCENARIO[progress]=="img_winter": bg_change = 3
14      if bg_change>=0:
15          cvs.create_image(320, 320, image=BG[bg_change])
16      mes["text"] = SCENARIO[progress]
17      progress = progress + 1
18
19  root = tkinter.Tk()
20  root.geometry("960x640")
21  root.title("ビジュアルノベル")
22  root.resizable(False, False)
23  cvs = tkinter.Canvas(width=640, height=640, bg="white")
24  cvs.place(x=0, y=0)
25  F = ("Times New Roman",12)
26  mes = tkinter.Message(bg="white", width=300, font=F,
    anchor=tkinter.NW)
27  mes.place(x=650, y=10, width=300, height=200)
28  but = tkinter.Button(text="スタート", font=F, command=button)
29  but.place(x=820, y=580, width=120)
30  BG = [
31      tkinter.PhotoImage(file="image/spring.png"),
32      tkinter.PhotoImage(file="image/summer.png"),
33      tkinter.PhotoImage(file="image/autumn.png"),
34      tkinter.PhotoImage(file="image/winter.png")
35  ]
36  progress = 0 # 物語の進行を管理する変数
37  SCENARIO = [ # 仮のデータ
38      "ボタンを押して画像の切り替えを確認します",
39      "img_spring",
40      "img_summer",
41      "img_autumn",
42      "img_winter",
43      "end"
44  ]
45  root.mainloop()
```

行	説明
01	tkinterをインポート
03	ボタンを押すと働く関数
04	変数のグローバル宣言
05	progressが0なら
06	ボタンに「次へ」と表示
07	データの終わりなら
08	ここで処理を抜ける
09	bg_changeに-1を代入
10	春の画像を表示するコマンド
11	夏 〃
12	秋 〃
13	冬 〃
14	bg_changeが0以上なら
15	背景画像を表示する
16	メッセージに文章を表示
17	progressを1増やす
19	ウィンドウを作る
20	ウィンドウの大きさを指定
21	タイトルを指定
22	ウィンドウサイズ変更不可
23	キャンバスを作る
24	キャンバスを配置
25	フォントの定義をFに代入
26	メッセージを作る
27	メッセージを配置
28	ボタンを作る
29	ボタンを配置
30	┬背景画像の読み込み
31	|
32	|
33	|
34	|
35	┘
36	progressに0を代入
37	┬物語のテキストデータ
38	|
39	|
40	|
41	|
42	|
43	|
44	┘
45	ウィンドウの処理を開始

※前のプログラムの5行目にあった cvs.create_image(320, 320, image=BG[0]) を削除しています。
※SCENERIO[ ] の内容を38〜42行目のように変更しています。

実行画面▶step8_4.py ⬇　※ボタンを押すと画像が切り替わります

　テキストデータを次のように変更しました。

```
37    SCENARIO = [ # 仮のデータ
38        "ボタンを押して画像の切り替えを確認します",
39        "img_spring",
40        "img_summer",
41        "img_autumn",
42        "img_winter",
43        "end"
44    ]
```

　ボタンを押したときに働くbutton( )関数に背景表示のコマンドがあれば、画像を表示する
処理を追加しました。button( )関数を抜き出して確認します。

```
03    def button(): # ボタンを押した時の処理
04        global progress
05        if progress==0:
06            but["text"] = "次へ"
07        if SCENARIO[progress]=="end":
08            return
09        bg_change = -1
10        if SCENARIO[progress]=="img_spring": bg_change = 0
11        if SCENARIO[progress]=="img_summer": bg_change = 1
12        if SCENARIO[progress]=="img_autumn": bg_change = 2
13        if SCENARIO[progress]=="img_winter": bg_change = 3
14        if bg_change>=0:
15            cvs.create_image(320, 320, image=BG[bg_change])
16        mes["text"] = SCENARIO[progress]
17        progress = progress + 1
```

　9行目でbg_changeという変数に-1を代入しています。

　10行目のif文で、progress番目のテキストデータが"img_spring"ならbg_changeに0を代入しています。同様に11〜13行目で、テキストデータが"img_summer"なら1、"img_autumn"なら2、"img_winter"なら3を代入しています。

　14〜15行目のif文でbg_changeが0以上なら背景画像を表示しています。画像を表示するcreate_image( )の引数をimage=BG[bg_change]とし、例えばbg_changeが2なら、image=BG[2]となるので、秋の背景が表示される仕組みになっています。

ヒロインを表示して完成させよう

ヒロインの画像を表示するコマンドを追加し、物語を本番用のデータに差し替えて、ビジュアルノベルを完成させます。

≫≫≫ ヒロインの画像を表示する仕組み

ヒロインの画像は、前の節で組み込んだ背景の表示処理と同じ仕組みで表示できます。具体的には girl などの変数にヒロインの画像を読み込んでおき、テキストデータに "img_girl" というコマンドがあれば、ヒロインの画像を表示するようにします。

≫≫≫ 改行コードについて

出力する文字列の中に**改行コード**の¥n があると、その位置で改行されます。

例えば print("こんにちは。¥n 今日はよい天気ですね。")とすると、シェルウィンドウに出力される文字列が「こんにちは。」の後ろで改行され、次の行が「今日はよい天気ですね。」になります。

改行コードはメッセージなどの tkinter の部品でも使えます。これから確認するプログラムは、本番用のテキストデータに改行コードを入れて、文章を読みやすくしています。

≫≫≫ エスケープシーケンスについて知っておこう

コンピューターで扱う文字の中に、半角の¥マーク（あるいはバックスラッシュ）と組み合わせて特殊な文字を表現するものがあります。これを、**エスケープシーケンス**といいます。

表8-8-1　代表的なエスケープシーケンス

記号	意味
¥n	改行
¥t	タブ
¥¥	文字列で¥を扱うときの記述
¥"	文字列で"を扱うときの記述

半角のバックスラッシュ「\」と半角の「¥」マークは同じ意味を持つ記号です。

Windows パソコンでは主に「¥」で表示され、Mac では「\」で表示されます。ただし使うツールによって、どちらで表示されるかは異なります。

》》》 完成版のプログラムの確認

完成したビジュアルノベルを確認します。

完成したプログラムのファイル名は、visual_novel.py としています。

コード▶Chapter8▶visual_novel.py [↓] ※前のプログラムからの追加・変更箇所にマーカーを引いています

01	`import tkinter`	tkinterをインポート
02		
03	`def button(): # ボタンを押した時の処理`	ボタンを押すと働く関数
04	`    global progress`	変数のグローバル宣言
05	`    if progress==0:`	progressが0なら
06	`        but["text"] = "次へ"`	ボタンに「次へ」と表示
07	`    if SCENARIO[progress]=="end":`	データの終わりなら
08	`        but["text"] = "終わり"`	ボタンに「終わり」と表示
09	`        return`	ここで処理を抜ける
10	`    bg_change = -1`	bg_changeに-1を代入
11	`    if SCENARIO[progress]=="img_spring": bg_change = 0`	春の画像を表示するコマンド
12	`    if SCENARIO[progress]=="img_summer": bg_change = 1`	夏 〃
13	`    if SCENARIO[progress]=="img_autumn": bg_change = 2`	秋 〃
14	`    if SCENARIO[progress]=="img_winter": bg_change = 3`	冬 〃
15	`    if bg_change>=0:`	bg_changeが0以上なら
16	`        cvs.create_image(320, 320, image=BG[bg_change])`	背景画像を表示して
17	`        progress = progress + 1`	progressを1増やす
18	`    if SCENARIO[progress]=="img_girl":`	ヒロイン表示のコマンドなら
19	`        cvs.create_image(460, 380, image=girl)`	ヒロインの画像を表示して
20	`        progress = progress + 1`	progressを1増やす
21	`    if SCENARIO[progress]=="img_none":`	画面を黒くするコマンドなら
22	`        cvs.create_rectangle(0, 0, 640, 640, fill="black", outline="")`	キャンバスを黒で塗り
23	`        progress = progress + 1`	progressを1増やす
24	`    mes["text"] = SCENARIO[progress]`	メッセージに文章を表示
25	`    progress = progress + 1`	progressを1増やす
26		
27	`root = tkinter.Tk()`	ウィンドウを作る
28	`root.geometry("960x640")`	ウィンドウの大きさを指定
29	`root.title("ビジュアルノベル")`	タイトルを指定
30	`root.resizable(False, False)`	ウィンドウサイズ変更不可
31	`cvs = tkinter.Canvas(width=640, height=640, bg="white")`	キャンバスを作る
32	`cvs.place(x=0, y=0)`	キャンバスを配置
33	`F = ("Times New Roman",12)`	フォントの定義をFに代入
34	`mes = tkinter.Message(bg="white", width=300, font=F, anchor=tkinter.NW)`	メッセージを作る
35	`mes.place(x=650, y=10, width=300, height=200)`	メッセージを配置
36	`but = tkinter.Button(text="スタート", font=F, command=button)`	ボタンを作る
37	`but.place(x=820, y=580, width=120)`	ボタンを配置
38	`BG = [`	┬背景画像の読み込み
39	`    tkinter.PhotoImage(file="image/spring.png"),`	│
40	`    tkinter.PhotoImage(file="image/summer.png"),`	│
41	`    tkinter.PhotoImage(file="image/autumn.png"),`	│
42	`    tkinter.PhotoImage(file="image/winter.png")`	│
43	`]`	┘
44	`girl = tkinter.PhotoImage(file="image/girl.png")`	ヒロイン画像の読み込み
45	`progress = 0 # 物語の進行を管理する変数`	progressに0を代入
46	`SCENARIO = [ # 本番用のデータ`	┬物語のテキストデータ
:	※この内容は、この後の項のデータをご参照ください	│
178	`]`	┘
179	`root.mainloop()`	ウィンドウの処理を開始

物語のテキストデータ

　「Chapter8」フォルダ内の「scenario.txt」が、このテキストデータです。文章量が多く手入力するのは困難なので、「scenario.txt」からプログラムにコピー＆ペーストして使いましょう。

```
47    "この春、ボクは高校に進学し、¥n地元の公立高校に通い始めた。",
48    "今日は授業の初日だ。",
49    "img_spring",
50    "",
51    "img_girl",
52    "",
53    "優斗（あなた）：¥n‥えっ？ ¥n美咲ちゃん‥だよね？ ",
54    "美咲：¥nあっ、優斗君！ ",
55    "優斗：¥n久しぶり！ ¥n小学校を卒業して以来だね。",
56    "美咲：¥nわーっ、ホント、久しぶり。¥n優斗君もこの高校に入ったんだ。",
57    "優斗：¥nうん。",
58    "美咲：¥n知り合いがいなくて緊張してたけど、¥n優斗君に会えて、ちょっと安心した。",
59    "優斗：¥nそうか、美咲ちゃん、隣町の中学に¥n通ってたんだもんね。",
60    "美咲：¥nうん、軽音楽部がある中学校が¥nそこしかなかったから。",
61    "優斗：¥n中学校は軽音楽部で頑張ったの？ ",
62    "美咲：¥nうん。毎日、練習ばっかり。¥nでも楽しかったから、高校でも¥n軽音楽部に入るんだ。",
63    "優斗：¥nそうか。ボクはサッカー部か¥n科学部かで迷ってたところ。",
64    "優斗：¥nサッカーがしたいけど、うちの高校、¥n科学甲子園で上位に入るから、¥n親がそっちを薦めるんだ。¥n将来、役に立つって。",
65    "美咲：¥n優斗君、小学生の時、¥n理科が得意だったもんね。¥nサッカーチームに入ってたことも¥n覚えてるよ。",
66    "優斗：¥nボクだって美咲ちゃんが音楽が¥n得意だったの覚えてるよ。",
67    "img_none",
68    "",
69    "こうして再会した幼馴染の二人。",
70    "同じクラスにはなりませんでしたが¥n廊下ですれ違った時などに¥n話をするようになりました。",
71    "",
72    "高校での日々は、中学生の時より¥n早く過ぎていくように感じます。",
73    "緑は日に日に濃くなり¥n日差しは強さを増していき、¥nすぐに夏がやってきました。",
74    "二人はその日、地元の夏祭りに行く¥n約束をしました。",
75    "img_summer",
76    "",
77    "小学生の時は子供神輿を担ぐために¥nよく参加した祭りですが、中学生に¥nなると、二人とも祭りとは疎遠に¥nなっていました。",
78    "今日は数年ぶりに祭りに行きます。¥n神社の境内で待ち合わせです。",
79    "img_girl",
80    "",
81    "美咲：¥n優斗君、もう来てたんだ。",
82    "優斗：¥nボクも今、来たとこ。",
83    "美咲：¥n子供神輿は終わっちゃったね。",
84    "優斗：¥nそうか、あれ、夕方までだった。¥nもっと早い時間にすればよかったな。",
85    "美咲：¥nいえ、いいの。¥n今日は神輿より金魚掬いを¥n楽しみにしてたんだ。",
86    "優斗：¥n金魚掬いの出店は向こうにあったよ。¥n行ってみよう。",
87    "img_none",
88    "",
89    "美咲は金魚掬いに夢中になりました。¥n赤いのと黒いのを一匹ずつ¥n掬うことができました。",
90    "img_summer",
91    "img_girl",
92    "美咲：¥n金魚掬いしたの、久しぶりなの。¥nめっちゃ、楽しかった。",
93    "優斗：¥nそれはよかった。",
94    "美咲：¥n小学生の時、パパと一緒に¥n金魚掬いしたの覚えてるけど、¥nあれ、何年生だったかなぁ。",
```

95	"優斗：¥n美咲ちゃんのお父さんって商社マン¥nだよね。よく海外に行ってるんでしょ。",
96	"美咲：¥nうん。",
97	"優斗：¥n英語ぺらぺらなんだよね。¥nかっこいいなぁ。",
98	"美咲：¥nそうでもないよ。¥n普通のおじさんだもん。¥n家を空けていること、多いしね。",
99	"優斗：¥nボクの父さんなんか、¥n外見に無頓着な普通のおじさん。¥n在宅勤務で、ほとんどうちにいて、¥n母さんが息が詰まるって、よく¥nボヤいてるよ。",
100	"二人は互いに言ったことが¥nおかしくなって笑いました。",
101	"",
102	"美咲：¥nねえ、お腹、空かない？ ",
103	"優斗：¥nうん、すごく空いてる。",
104	"美咲：¥n何食べる？ ",
105	"優斗：¥nえーと、ボクは焼きもろこしかな。",
106	"img_none",
107	"二人は露店を巡り、好きなものを¥n食べ、それから話題は¥n学校祭のことになりました。",
108	"img_summer",
109	"img_girl",
110	"美咲：¥nねえ、秋に学校祭があるでしょ。¥n優斗君の部活は何か展示するの？ ",
111	"優斗：¥nうん、科学部は半分パソコン部って¥n感じで、プログラムを作ったり¥nコンピューターグラフィックスも¥nやってるから、それを展示するって。",
112	"美咲：¥nコンピューターグラフィックス……¥nそれって音楽に合わせて¥n絵を動かせたりするの？ ",
113	"優斗：¥nできるよ。",
114	"美咲：¥n例えばうちの部で演奏する曲に¥n合わせて絵を動かすとかも？ ",
115	"優斗：¥nたぶん、できると思う。",
116	"美咲：¥nそれができたら盛り上がるだろうな。",
117	"優斗：¥nそうだね。面白いアイデアだから¥n部長に相談してみようか？ ",
118	"優斗：¥nパソコンの天才の先輩が¥n部長やってるんだ。¥n色々なソフトをあっと言う間に¥n組み上げるすごい人。",
119	"美咲：¥n急にそんな相談して平気？ ",
120	"優斗：¥n大丈夫だよ。気さくな先輩なんだ。",
121	"優斗：¥n実は科学部の活動が地味でさ、¥nサッカー部に入らなかったこと¥n後悔してたけど、¥n軽音楽部とコラボできるなら¥n後悔なんて消えて無くなるね。",
122	"美咲：¥nははっ、そうだったんだ。",
123	"img_none",
124	"家に帰る途中も、部のコラボの話で¥n二人は盛り上がりました。",
125	"",
126	"秋になりました。¥n今日は学校祭の日です。",
127	"夏祭りの夜、二人が話した¥nアイデアが実現し、体育館で¥n軽音楽部と科学部が協力した¥n催しが行われています。",
128	"img_autumn",
129	"",
130	"優斗：¥nおおっ、この出し物が、一番、¥n盛り上がっているぞ。¥n美咲ちゃんのアイデア、大成功だ。",
131	"img_none",
132	"二つの部が協力した催しは¥n大いに成功しました。",
133	"",
134	"秋は日没が早く訪れるためか、¥n一日が短く感じます。",
135	"月日はどんどん過ぎて¥n年末が近づいてきました。",
136	"img_winter",
137	"今日は終業式です。",
138	"小雪が舞い始めたその日、¥n下校時に、学校の出口で¥n二人は顔を合わせました。",
139	"img_girl",
140	"",
141	"優斗：¥nおっ、美咲ちゃん。¥n駅まで一緒にいこう。",
142	"美咲：¥nう、うん。",
143	"美咲は浮かない顔をしています。",
144	"優斗：¥n元気ないみたいだけど¥n何かあったの？ ",
145	"美咲：¥nあのね‥‥¥n引っ越すことになったの。¥n冬休み中に‥‥",
146	"優斗：¥nえっ？ ¥n転校ってこと？ ",
147	"美咲：¥nそう､､､",

```
148    "優斗：¥n何で急に！？ ",
149    "美咲：¥nパパに転勤の辞令が出たの。",
150    "優斗：¥n引っ越し先は遠いの？ ",
151    "美咲：¥nうん。",
152    "優斗：¥n九州とか沖縄？ ",
153    "美咲：¥nもっと遠く‥‥¥nアメリカだって。",
154    "優斗：¥nア、アメリカ？！ ",
155    "美咲：¥n‥うん。",
156    "美咲：¥nパパは数年間、向こうで仕事する¥nことになって、それで¥n家族で行くことになったの。",
157    "優斗：¥nそうか‥‥残念だな。",
158    "優斗：¥nでもまた会えるよ。¥n一生、アメリカに住むわけじゃ¥nないでしょ？ ",
159    "美咲：¥nそうだけど、、、",
160    "優斗：¥nでも数年は長いよね。",
161    "美咲：¥nうん、、、 ",
162    "優斗：¥nそうだ、ボクが会いに行くよ。",
163    "美咲：¥nえっ？　ホント？ ",
164    "優斗：¥nうん。海外旅行、いつかしたいって¥n思ってたんだ。",
165    "優斗：¥nよし、まずは冬休みに、英語、¥n頑張ってみるか。¥n一人で海外に行けるようにね。",
166    "美咲：¥n優斗君て、いつも前向きね。¥n私も見習わないと。",
167    "優斗：¥nボクより美咲ちゃんのほうが¥n前向きじゃないかな。",
168    "美咲：¥nそんなことないよ。",
169    "優斗：¥nいや、絶対、前向きだって。¥n学祭の出し物とか、前向きな人¥nじゃないと出ないアイデア
       だよ。¥nあれ、大成功だったし。",
170    "美咲：¥nありがとう。¥n落ち込んでたけど、少し元気が出た。",
171    "優斗：¥nそれはよかった。",
172    "img_none",
173    "",
174    "しばらく二人は離れることに¥nなりますが、友情は続くでしょう。",
175    "さて、物語は、この先、どこへ¥n向かうのでしょうか。",
176    "前向きな二人には、幸せな¥nストーリーが続いていく¥nことでしょう。¥n（終わり）",
177    "end",
```

実行画面▶visual_novel.py ⬇

美咲：
いえ、いいの。
今日は神輿より金魚掬いを
楽しみにしてたんだ。

次へ

❯❯❯ ヒロインの表示と幕間の黒画面の追加

完成させるにあたって、追加した処理を説明します。

```
03  def button(): # ボタンを押した時の処理
04      global progress
05      if progress==0:
06          but["text"] = "次へ"
07      if SCENARIO[progress]=="end":
08          but["text"] = "終わり"
09          return
10      bg_change = -1
11      if SCENARIO[progress]=="img_spring": bg_change = 0
12      if SCENARIO[progress]=="img_summer": bg_change = 1
13      if SCENARIO[progress]=="img_autumn": bg_change = 2
14      if SCENARIO[progress]=="img_winter": bg_change = 3
15      if bg_change>=0:
16          cvs.create_image(320, 320, image=BG[bg_change])
17          progress = progress + 1
18      if SCENARIO[progress]=="img_girl":
19          cvs.create_image(460, 380, image=girl)
20          progress = progress + 1
21      if SCENARIO[progress]=="img_none":
22          cvs.create_rectangle(0, 0, 640, 640, fill="black", outline="")
23          progress = progress + 1
24      mes["text"] = SCENARIO[progress]
25      progress = progress + 1
```

18〜20行目のif文で、テキストデータに "img_girl" というコマンドあれば、ヒロインの画像を表示しています。このとき progress 変数の値を1増やし、img_girl というコマンドがメッセージに表示されないようにしています。

ヒロインの画像は44行目で girl という変数に読み込んでいます。

ヒロインの画像を自分で用意した方は、画像の表示位置を調整しましょう。create_image(x座標, y座標, image=画像を読み込んだ変数)の引数の(x,y)座標は、画像の中心になります。

その他、このプログラムでは幕間の演出を行うために、テキストデータに "img_none" というコマンドあれば、キャンバスを黒で塗る処理を追加しました。それを21〜23行目に記述しています。

❯❯❯ 自分で物語を作るときの注意点

tkinter の Canvas に画像や図形を何度も重ねて描くと処理が重くなることがあります。

筆者の経験では、Windows パソコンより Mac で処理が重くなる傾向にあります。

自分でテキストデータを用意して、何度も画像を描き替えるときは、cvs.delete("all") で古い画像を消してから、描き直すとよいでしょう。

物語を分岐させよう！

このコラムでは、ビジュアルノベルで物語を分岐させるプログラミングの方法を説明します。

▪ さまざまなプログラミングの仕方がある

物語を分岐させるにはさまざまな処理が考えられます。また、分岐させるためのデータも色々な形式が存在します。それらの中で、組み込みやすく、かつ、わかりやすいプログラムとデータを採用して説明します。

ここで説明する仕様は、選択肢をキーボードの数字キーで選ぶものとします。

❶ 選択肢を選ぶ状態であることを管理するフラグ（変数）を用意します。
ここではその変数をquestionとします。
questionがFalseなら、ボタンを押して物語を読み進める状態、
Trueなら、表示された選択肢をキー入力で選ぶ状態とします。

❷ 選択肢を選ぶ状態に移行するコマンドを用意します。
ここでは、そのコマンドを「question」とします。
このコマンドを物語のテキストデータに記述します。

❸ テキストデータに記述した「question」の次の行を質問の文章とします。
さらに次の行に、選択肢（質問の答え）と分岐先をコンマで区切って記述します。
具体的には次の3行を記述します。

```
"question",
"質問",
"選択肢1,分岐先のラベル1, 選択肢2,分岐先のラベル2,‥,‥,‥,‥",
```

❹ キーボードのキーを押したときに働く関数を用意します。
数字キーを押して選択肢を選んだら、分岐先のラベルのある場所に飛ぶようにします。
分岐のためのラベルもテキストデータに記述します。

この処理を組み込んだvisual_novel_bunki.pyというプログラムが、「Chapter8」フォルダに入っています。IDLEで開いて実行し、動作を確認しましょう。

このプログラムは次のように分岐します。

図8-C-1　シナリオの分岐

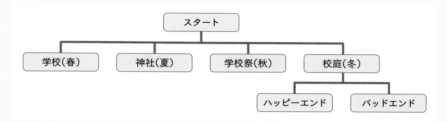

▪ 追加した処理を確認しよう

追加した処理のうち、主要な部分を抜き出して説明します。

❶ 選択肢を選ぶ状態にするフラグ変数と、選択肢と分岐先を代入する配列を用意

```
78   question = False # Trueのとき選択肢を選ぶ状態になる
79   answer = [] # 選択肢と分岐先を代入する配列
```

question変数の値がFalseならボタンを押して物語を読み進める状態、Trueならキー入力で選択肢を選ぶ状態になります。

❷ 質問とその答え（選択肢）のデータを記述

選択肢を選ぶ状態になるコマンド、質問、選択肢と分岐用のラベルをテキストデータに記述しました。#で記したものがラベルです。

```
81       "question",
82       "どこに行きますか？",
83       "学校,#SCHOOL,神社,#SHRINE,学校祭,#FESTIVAL,冬の校庭,#YARD",
```

❸ 分岐先の文章がどこから始まるかをラベルで定義

選択肢を選んだとき、どのテキストデータに移行するかを、#SCHOOLや#SHRINEなどのラベルで定めています。

```
84       "#SCHOOL",
85       "img_spring",
86       "学校のシーンに分岐しました。",
```

❹ キーを押したときに働く関数

キーを押したときに呼び出す関数を定義しました。

```
04   def key(e): # キー入力で選択肢を選ぶ処理
05       global progress, question
06       if question==False: return
07       gonext = 0
08       if e.keysym=="1" and answer[1]!="": gonext=1
09       if e.keysym=="2" and answer[3]!="": gonext=3
```

次ページへつづく

```
10        if e.keysym=="3" and answer[5]!="": gonext=5
11        if e.keysym=="4" and answer[7]!="": gonext=7
12        if gonext>0:
13            for i in range(len(SCENARIO)):
14                if SCENARIO[i]==answer[gonext]:
15                    progress = i + 1
16                    question = False
17                    button()
18                    break
```

　この関数で、キーを押したときに配列に分岐先がセットされていれば、物語を分岐させます。

　8〜11行目で、どのキーが押されたかを判定しています。今回は、最大4つの選択肢を選べるようにしました。if文を追加して、その数を増やせます。

　13〜18行目が、テキストデータに分岐先のラベルがあるかを調べ、見つかったらprogressの値を変更する処理です。例えば ① キーで学校を選んだとき、テキストデータを頭から調べていき、#SCHOOLのラベルの次の行にprogress変数の値をセットしています。

❺ button( )関数に分岐に入る処理を追記

　テキストデータにquestionコマンドがあったら質問を表示して、キー入力による選択に入る処理を追記しました。

```
45        if SCENARIO[progress]=="question":
46            mes["text"] = SCENARIO[progress+1]
47            question = True
48            answer = [""]*8
49            a = SCENARIO[progress+2].split(",")
50            for i in range(len(a)):
51                answer[i] = a[i]
52                if i%2==0: mes["text"] = mes["text"]+"¥n["+str(1+int(i/2))+"]
    "+answer[i]
53            return
```

　answerが選択肢（質問の答え）と、それを選んだときの分岐先のラベルを代入する配列です。今回は最大4つの選択肢を選べるようにしています。

　49行目の**split( )**は引数の文字でデータを切り分ける命令です。「**選択肢1,分岐先1,選択肢2,分岐先2,‥,‥,‥,‥**」という文字列をコンマで切り分けて、配列aに代入します。具体的には"**学校,#SCHOOL,神社,#SHRINE,学校祭,#FESTIVAL,冬の校庭,#YARD**"をコンマで切り分けると、aは次の8つの要素を持つ配列になります。

要素	a[0]	a[1]	a[2]	a[3]	a[4]	a[5]	a[6]	a[7]
値	学校	#SCHOOL	神社	#SHRINE	学校祭	#FESTIVAL	冬の校庭	#YARD

　50〜51行目で、a[i]の中身をanswer[i]に代入しています。

　50行目の**len( )**は、配列の要素数を取得する命令です。

52行目のif文で、選択肢を選ぶ数字キーの番号と、選択肢の文字列をメッセージに追加しています。%は余りを求める演算子で、i%2==0はiが偶数のときに成り立ちます。

　button()関数のはじめの行（22行目）に、if question: returnと記述したことも確認しましょう。選択肢を選ぶフラグが立っている間は（questionがTrueのとき）、ボタンが押されても入力を受け付けなくしています。

COLUMN

第三次AIブーム

　AIの研究と実用化において、これまで三度のブームがあったとされます。現在は第三次ブームにあります（生成AIのようなより高度なAIの登場と普及で、第四次ブームが始まったと考える方もいます）。

図8-C-2　AIブーム

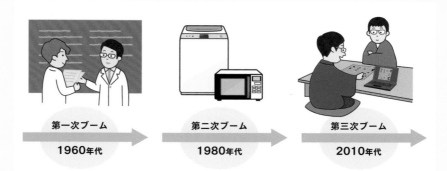

　第一次ブームは、1960年代にAI研究を行う政府や企業の中で起きました。その当時、一般家庭にコンピューターは普及しておらず、コンピューターを利用できる場所は、政府機関、企業、大学などに限られていました。このブームは主に研究者の間で起き、推論や探索などをコンピューターに行わせる研究が進みましたが、社会に大きな影響を与えることはありませんでした。

　第二次ブームは1980年代に起き、この時期にはパソコンなどの機器が家庭に普及し、多くの人々がコンピューターを使ったり、入手できるようになりました。第二次ブームではAIに関する新しいアルゴリズムの研究が進み、特にエキスパートシステム（専門家システム）と呼ばれる領域で実用化が進展しました。エキスパートシステムは、専門分野の知識やルールをプログラムで記述して問題を解決するAIです。第二次ブームでは家電制御などにAIを応用したプログラムが使われるようになり、AIを組み込んだコンピューターゲーム

次ページへつづく

なども登場しました。この時期のAIは、社会に一定の影響を与えました。

　第三次ブームは2010年代に始まり、機械学習という手法が普及し、深層学習（ディープラーニング）と呼ばれる画期的な手法が確立され、高度なAIの開発が可能になりました。第三次ブームでは、画像認識、音声認識、自然言語処理などの高度なAIが進歩しました。このブームを支える要因として、コンピューターの演算能力向上とインターネットの普及により、大量のデータを入手しやすくしたことが挙げられます。

図8-C-3　第三次ブームで普及した人工知能のイメージ

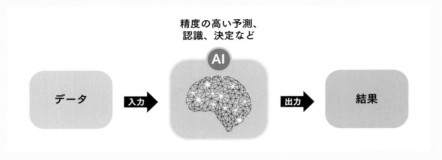

特別付録では、生成AIで背景と敵キャラクターの画像を作成し、それらを用いて開発した本格的なロールプレイングゲームを紹介します。

特別付録

RPGを
プレイしよう

Appendix

ゲーム内容を確認しよう

本書のサポートページからダウンロードできる zip ファイルを解凍すると、「Appendix」というフォルダがあります。その中にロールプレイングゲームのプログラム（trpg.py）が入っています。はじめにゲームの内容を紹介します。

>>> ロールプレイングゲームとは？

　　ロールプレイングゲーム（略称 RPG）は、主人公のキャラクターやその仲間を操作し、敵と戦ったり、謎を解きながら、目標を達成するゲームの総称です。ゲームシステムにアクション性を持たせたものはアクション RPG と呼ばれます。

　　ロールプレイングゲームは、元々は「ドラゴンクエスト」「ファイナルファンタジー」「ポケットモンスター」などのメジャータイトルのような、プレイヤーがキャラクターを直接操作し、世界を巡り、敵と戦いながら冒険を繰り広げるゲームを指していました。

　　しかし、スマートフォンの普及と共に、キャラクターの育成や収集要素があり、ゲーム自体はパズルのようなものをプレイするゲーム（例：パズル＆ドラゴンズ）が人気となり、そのようなゲームも RPG と見なされるようになりました。

　　この特別付録の RPG は、オーソドックスなタイプのゲームシステム（古くからある RPG のシステム）になっています。

>>> ストーリー

険しい山脈の間に横たわる陰気な城下町。
その町に一人の剣士が姿を現した。
住民たちの囁きから、彼は山奥の遺跡に巣くう凶悪な竜によって人々が苦しんでいることを知る。
剣士は、自らの剣術の腕を振るい、この地の平和を取り戻せないかと考えた。
しかし、彼はかつての戦いに敗れ、心身に傷を負い、今は流浪の身であった。
自分には無理だと諦め、静かにその地を去ろうとした。
城下を離れた剣士は、楡の木の下でしばしの休息をとり、ついうとうととした。
すると夢の中に巫女が姿を現し、こう告げた。
「町より西と南の地に２つの祠がございます。
そこに真の勇者のみが扱える武具が納められております。
それを手に、ドラゴンを倒してくださいませぬか」
はっと目を覚ました剣士は、一瞬、夢と現実の狭間に立たされた。
巫女の悲しそうな表情、しかし微かな希望を湛えた瞳が、彼の心に深く染みこんでいた。
剣士は腰に携えた剣を抜くと、その刃先の光を確かめた。
もはや彼の心に迷いはなかった。

図A-1-1　イメージイラスト

※このイラストは、ストーリーの文章をそのまま Image Creator に入力して生成したものです。

⟫⟫ 操作方法

移動シーン	戦闘シーン
・カーソルキーで東西南北に移動 ・L キーで四方を見る ・S キーで現在いる場所を調べる	・A キーで攻撃 ・E キーで撤退

※Mac ではカーソルキーを長押ししたまま町に戻ると、町のイベントが続けて発生することがありますが、ゲーム進行に支障はありません。

⟫⟫ パラメーター

Life/Life最大値	体力　0になるとゲームオーバー。
Food	移動すると、1減る。 Foodがあれば、移動するたびにLifeが回復。 Foodが0になると、移動するたびにLifeが減る。
Str	攻撃力　戦闘で敵に与えるダメージに影響する。
Def	防御力　戦闘で敵から受けるダメージに影響する。

　Life と Food は町に戻ると回復します。

》》》 ゲーム画面

左上がミニマップで、赤い枠の位置がプレイヤーのいる場所です。

図A-1-2 移動シーン

何かありそうな場所を S キーで調べましょう。

図A-1-3 移動シーンにおけるイベント

移動すると、敵とエンカウント（遭遇）することがあります。

戦闘では、戦う（Attack：[A]キー）か逃げる（Escape：[E]キー）かを選びます。

図A-1-4　戦闘シーン

trpg.py を IDLE で開いて実行し、プレイしましょう。

あなたは山奥の遺跡に潜む凶悪な竜を倒すことができるでしょうか？

 ・戦いに勝つと、一定確率でLife、Str、Defのいずれかが増えます。

・伝説の武具を手に入れると、StrやDefが大きく増えます。

・ある条件を満たすと、Lifeの最大値が大きく増えます。

235

生成AIで作成した画像を確認しよう

このゲームの画像は、「Appendix」フォルダ内の「image」フォルダに入っています。それらはImage Creatorで生成した画像です。生成に用いたプロンプトを掲載します。

>>> 敵キャラクターのプロンプト

スライム		一匹のスライム、シンプルなデザイン、ファンタジーRPGのモンスター、鮮やかな色、背景無し、アニメ風	
ビー		蜂、ファンタジーRPGのモンスター、シンプルなデザイン、鮮やかな色、アニメ風	
スネーク		怒っている蛇、ファンタジーRPGのモンスター、シンプルなデザイン、鮮やかな色、アニメ風	
ゴースト		ゴースト、全身図、シンプルなデザイン、ファンタジーRPGのモンスター、鮮やかな色、輪郭を太い線、アニメ風	
ゴブリン		ゴブリン、シンプルなデザイン、ファンタジーRPGのモンスター、鮮やかな色、輪郭を太線、アニメ風	

ウルフマン		怒っている野犬、全身図、シンプルなデザイン、ファンタジーRPGのモンスター、鮮やかな色、輪郭を太い線、アニメ風	
ゴーレム		強そうなゴーレム、ファンタジーRPGのモンスター、シンプルなデザイン、鮮やかな色、アニメ風	
ドラゴン		ドラゴン、シンプルなデザイン、強そう、全身図、ファンタジーRPGのモンスター、鮮やかな色、輪郭を太い線、アニメ風	

>>> 背景画像のプロンプト

城下町	沼地

古い町、活気がなく寂しい雰囲気、遠くに城が見える、ファンタジー世界、アニメ風

town.png

沼地、霧、曇り空、黄昏時、ファンタジー世界、アニメ風

swamp.png

草原	祠

草原、遠くに森と山脈、曇り空、ファンタジー世界、アニメ風

meadow.png

森の中の石碑、霧、ファンタジー世界、アニメ風

monument.png

川沿い	岩山の遺跡

草原を流れる小川、曇り空、ファンタジー世界、アニメ風

riverside.png

険しい岩山の山道、遺跡、霧、怪しい雰囲気、ファンタジー世界、アニメ風

ruins.png

森

深い森、細道、暗く怖い雰囲気、ファンタジー世界、アニメ風

forest.png

プログラムを確認しよう1
変数と配列

ここでは、用いている変数と配列の内容をお伝えします。

≫≫ 変数

変数名	用途
scene	画面遷移を管理する変数。 値は「タイトル」「移動」「戦闘」「ゲームオーバー」「エンディング」のいずれか
battle	戦闘の処理を管理する変数。 値は「開始」「あなたの攻撃」「敵の攻撃」のいずれか
damage	戦闘でのダメージ計算に用いる
pl_x、pl_y	プレイヤーのいる場所の座標（ミニマップ上の位置）
life_max	プレイヤーの体力の最大値
life	プレイヤーの体力
food	プレイヤーの持つ食料の値
strength	プレイヤーの攻撃力
defense	プレイヤーの防御力
is_all	全ての場所を訪れたかを知るために用いる
enemy	敵の番号
en_li、en_st、en_de	敵の体力、攻撃力、防御力
stop_key	キー入力を一時停止することに用いるフラグ

≫≫ 配列1

配列名	内容
PLACE[]	場所の名称
COLOR[]	場所の色（ミニマップを描く色）
ENEMY[]	敵の名前
EN_LI[]、EN_ST[]、EN_DE[]	敵のパラメーター（体力、攻撃力、防御力）

※敵のパラメーターは後述します。

≫≫ 配列2

配列名	内容

place = [# 地形
    [0,1,1,2,4,3,3],
    [1,1,2,4,3,5,3],
    [3,1,1,2,3,3,3],
    [3,4,1,2,4,3,3],
    [3,5,4,2,4,3,6]
]
	地形を定義している。
	0が城下町、1が草原、2が川沿い、
	3が森、4が沼地、5が祠、6が岩山の遺跡

次ページへつづく

| ```
event = [  # 1=町 2=戦闘 3=剣 4=盾 5=ボス
    [1,2,2,2,2,2,2],
    [2,2,2,2,2,3,2],
    [2,2,2,2,2,2,2],
    [2,2,2,2,2,2,2],
    [2,4,2,2,2,2,5]
]
``` | 発生するイベントを定義している。<br>値はコメントの通り |
| ```
visited = [  # 訪れたか
    [1,0,0,0,0,0,0],
    [0,0,0,0,0,0,0],
    [0,0,0,0,0,0,0],
    [0,0,0,0,0,0,0],
    [0,0,0,0,0,0,0]
]
``` | 訪れた場所を管理する。<br>訪れた場所は値を1にする |

　これらは二次元配列になっています。二次元配列は、place[行][列]のように行と列の値を指定して扱う配列です。

　行は横の並びを意味し、列は縦の並びを意味します。二次元配列は第3章の3-2節（P.67）で説明しています。

敵のパラメーター

　ENEMY[]という配列で敵の名前、EN_LI[]で体力、EN_ST[]で攻撃力、EN_DE[]で防御力を定義しています。値は次の通りです。

番号	名前	体力	攻撃力	防御力
0	スライム	5	3	1
1	ビー	6	4	2
2	スネーク	7	5	2
3	ゴースト	9	7	3
4	ゴブリン	12	8	4
5	ウルフマン	15	10	5
6	ゴーレム	20	13	7
7	ドラゴン	99	20	10

　敵の番号をenemyという変数に代入し、戦闘の処理で用いています。

画像を読み込む配列

　bg[]という配列に背景画像を読み込み、emy_img[]という配列に敵の画像を読み込んでいます。

ここでは、処理の概要と定義した関数の内容をお伝えします。

►►► 処理の全体像

このプログラムはリアルタイム処理を行わず、キーを押したときに処理が進む作りとしています。その処理は大きく「移動シーン」と「戦闘シーン」に分かれます。

移動シーンでは、移動できる方向のカーソルキー、辺りを観察する L キー、現在地を調べる S キーの入力を受け付けています。

戦闘シーンでは、敵を攻撃する A キーと、敵から逃げる E キーを受け付けています。

►►► 定義した関数

10種類の関数を定義して、各種の処理を行っています。

❶ action(e)関数

キーを押したときに処理を行う関数です。引数eはイベントを受け取るためのものです。この関数を働かせるために、root.bind("<Key>", action) と記述しています。

e.keycode が押されたキーのコード、e.keysym がキーのシンボルになります。このプログラムではキーシンボルの値を調べて、どのキーが押されたかを判定しています。

主なキーのシンボル

キー	keysymの値
0 ～ 9	0～9
A ～ Z	a～z
カーソルキー（上下左右）	Up、Down、Left、Right
スペースキー	space※
Enter キー	Return
Shift キー（左右）	Shift_L、Shift_R
Esc キー	Escape

※ space の s は小文字になります

action( )関数は変数sceneの値により、タイトル画面、移動シーン、戦闘シーン、ゲームオーバー、エンディングのいずれかの処理を行います（if文で処理を分けています）。

ゲームオーバーとエンディングの画面では、 Q キーを押したときにroot.destroy( )でtkinterのウィンドウを用いたプログラムを終了しています。

❷ mbox(t, s)関数

メッセージボックスを表示します。引数はメッセージボックスのタイトルと、表示する文字列です。

cvs.focus_force( )という命令は、キャンバスにフォーカスを当てるためのものです。Macでは、メッセージボックスを表示した後にウィンドウをクリックしないとキー入力ができなくなります。メッセージボックス表示後に、この命令を呼べば、再びキー入力を受け付けるようになります。

❸ text(x, y, t, s, c)関数

影付き文字を表示します。引数はx座標、y座標、文字列、フォントの大きさ、文字列の色です。

❹ param(x, y)関数

プレイヤーのパラメーターを表示します。引数(x, y)がパラメーターの枠の中心座標になります。

❺ mini_map(x, y)関数

ミニマップを表示します。引数(x, y)がマップの中心座標になります。

❻ command_move(y)関数

移動シーンのコマンドを表示します。引数yはy座標になります。

❼ command_battle(y)関数

戦闘シーンのコマンドを表示します。引数yはy座標になります。

❽ start_battle(en)関数

戦闘で使う変数の値をセットし、戦闘突入時の演出を行います。

引数enは出現する敵の番号です。引数を-1として呼び出すと、ザコ敵（ボスであるドラゴン以外の敵）のいずれかが現れるようにしています。その際、乱数を用いて、町から離れるほど強い敵が出る計算を行っています。

❾ battle_proc( )関数

戦闘の処理を行う関数です。プレイヤーの攻撃と、敵の攻撃を順に行います。

敵を倒した後にパラメーターが増える処理も、この関数で行っています。

ここで使っているtime.sleep(秒数)は処理を一時停止する命令で、引数の秒数の間、プログラムの処理が停止します。なお、sleep( )で処理を長時間止めるべきではないので（使い方によってはフリーズしたような状態になる）、使用するときは短時間の停止にしましょう。

❿ draw( )関数

ゲーム画面を描く関数です。変数 scene の値によって、タイトル画面、移動シーン、戦闘シーン、ゲームオーバー、エンディングのいずれかの画面を描きます。

》》》 本格的なゲームを開発するヒント

このロールプレイングゲームは、プログラミングの学習用にできるだけシンプルなコードとし、リアルタイム処理を行わず、キー入力のイベントが発生した段階で処理が進む作りにしています。イベントが発生したときに処理が進むプログラムは、**イベント駆動型**のプログラムと呼ばれます。

ただし、一般的にゲームソフトのプログラムではリアルタイム処理が採用されます。ロールプレイングゲームではプレイヤーが何も入力しなくても、リアルタイム処理により町の人々が歩いていたり、川の水が流れていたりします。

本書では、after( )命令を用いたリアルタイム処理も学びました。この本で得た知識を活かし、生成 AI で各種の素材を作成して、より本格的なゲームソフトの開発に挑戦できます。

あとがき

　本書を最後までお読みいただき、ありがとうございます。本書を執筆する機会を与えてくださったソーテック社の皆様に感謝申し上げます。

　AI技術の進化により、文章・画像・音楽・映像などの生成が急速に普及しています。筆者自身もさまざまな生成AIを研究し、仕事や趣味に活用しています。生成AIは時代に大きな変革をもたらすものであり、正しく用いれば仕事や学業の頼りになる味方となります。しかし、適切でない使い方は社会に悪影響を及ぼすことは間違いありません。

　各国ではAI開発や利用に関する議論が活発に行われ、法整備が進んでいます。筆者もAIが誤った使い方をされないように、国レベルでの監視網が必要だと考えますが、何より個人がAIに対する理解を深める必要があると感じています。正しい知識を持った上で、生成AIなどの各種のAIを生産性向上のパートナーとすれば、その恩恵は計り知れません。

　生成AIへの理解を促し、正しい活用法を伝授することを、本書を世に出す目標の1つに掲げて執筆しました。それと共に、筆者の執筆活動の中心にあるのは、読者の皆様に楽しみながら学んでいただきたいという気持ちです。それらを同時にお伝えできたようでしたら、筆者は何よりも嬉しいです。

2024年 初春
廣瀬 豪

Index

Attention

サンプルプログラムのパスワード

サンプルプログラムはzip形式で圧縮され、パスワードが設定されています。
以下のパスワード（すべてアルファベット）を半角文字で大文字／小文字を正しく入力し、解凍してお使いください。

パスワード：AIPyGame

著者紹介

廣瀬 豪（ひろせ つよし）

早稲田大学理工学部卒業。ナムコ、および任天堂とコナミが設立した合弁会社に勤めた後、ワールドワイド
ソフトウェア有限会社を設立して独立。
多数のゲームソフト開発を手がけ、プログラミングの技術力を生かして、さまざまなアプリケーション・
ソフトウェア開発も行ってきた。
現在は会社を経営しながら技術書を執筆し、教育機関でプログラミングやゲーム制作を指導している。
プログラミングを始めたのは中学生のとき。以来、本業、趣味ともに、アセンブリ言語、C/C++、C#、Java、
JavaScript、Python、Scratchなど数多くのプログラミング言語で開発を続けている。

【主な著書】
「Pythonでつくる ゲーム開発 入門講座」「Pythonでつくる ゲーム開発 入門講座 実践編」「仕事を自動化
する！ Python入門講座」「Pythonで作って学べる ゲームのアルゴリズム入門」（以上、ソーテック社）、
「7大ゲームの作り方を完全マスター！ ゲームアルゴリズムまるごと図鑑」（技術評論社）、「野田クリスタル
のこんなゲームが作りたい！ Scratch3.0対応」（インプレス・共著）

生成AI ＋ Pythonで作る ゲーム開発入門

2024年2月29日　初版　第1刷発行

著　　　　者	廣瀬 豪	
装　　　　丁	広田正康	
発　行　人	柳澤淳一	
編　集　人	久保田賢二	
発　行　所	株式会社ソーテック社	
	〒102-0072　東京都千代田区飯田橋4-9-5　スギタビル4F	
	電話（注文専用）03-3262-5320　FAX 03-3262-5326	
印　刷　所	大日本印刷株式会社	

©2024 Tsuyoshi Hirose
Printed in Japan
ISBN978-4-8007-1332-2

本書の一部または全部について個人で使用する以外著作権上、株式会社ソーテック社および著作権者の承諾を得ずに無断で複写・
複製・配信することは禁じられています。
本書に対する質問は電話では受け付けておりません。また、本書の内容とは関係のないパソコンやソフトなどの前提となる操作方
法についての質問にはお答えできません。
内容の誤り、内容についての質問がございましたら切手・返信用封筒を同封のうえ、弊社までご送付ください。
乱丁・落丁本はお取り替え致します。

本書のご感想・ご意見・ご指摘は
http://www.sotechsha.co.jp/dokusha/
にて受け付けております。Webサイトでは質問は一切受け付けておりません。